U0183672

Urban Planning in the Digital Age

数字时代的城市规划

[法] 尼古拉斯·杜埃　著
周长林 等　译
杨至德　主审

Nicolas Douay

WILEY

華中科技大學出版社
http://www.hustp.com
中国·武汉

图书在版编目（CIP）数据

数字时代的城市规划/（法）尼古拉斯·杜埃（Nicolas Douay）著；周长林等译．—武汉：华中科技大学出版社，2022.8
ISBN 978-7-5680-8371-3

Ⅰ.①数… Ⅱ.①尼… ②周… Ⅲ.①数字技术-应用-城市规划-研究 Ⅳ.①TU984-39

中国版本图书馆 CIP 数据核字（2022）第 118391 号

Urban Planning in the Digital Age
First published 2018 in Great Britain and the United States by ISTE Ltd and John Wiley & Sons，Inc.

Library of Congress Control Number：2018903142

湖北省版权局著作权合同登记 图字：17-2021-061 号

数字时代的城市规划 ［法］尼古拉斯·杜埃 著
Shuzi Shidai de Chengshi Guihua 周长林 等 译

策划编辑：金 紫
责任编辑：叶向荣 曹乐宁
封面设计：赵慧萍
责任监印：朱 玢
出版发行：华中科技大学出版社（中国·武汉） 电话：（027）81321913
武汉市东湖新技术开发区华工科技园 邮编：430223
录 排：华中科技大学出版社美编室
印 刷：湖北金港彩印有限公司
开 本：710mm×1000mm 1/16
印 张：14
字 数：154 千字
版 次：2022 年 8 月第 1 版第 1 次印刷
定 价：98.00 元

《数字时代的城市规划》编译委员会

序

十九届五中全会发布的《国民经济和社会发展第十四个五年规划和二〇三五年远景目标的建议》提出，坚定不移建设制造强国、质量强国、网络强国、数字中国，必须加快数字化发展，为我国城市数字化治理和智慧城市的发展指明了方向。智慧城市是新一代信息技术在城市的综合集成应用，是实现数字化治理和发展数字经济的重要载体，是未来城市提升长期竞争力、实现精明增长、实现可持续发展的新型基础设施，也是一个吸引高端智力资源共同参与，持续迭代更新的城市级创新平台。近年来，我国多部委加速推动智慧城市相关技术、产业、应用发展。国家发改委、科技部、工信部、自然资源部、住建部等部委均出台相关政策文件，有力推动智慧城市的发展。

在新一代信息技术的推动下，城市规划行业也发生了深刻的变革，规划理念、技术方法亟需从片面、静态、定性为主的传统规划转型为多维、动态、定量为主的智慧规划。传统规划数据支撑不足，缺乏新技术应用，以静态图作为规划成果展示方式。智慧规划拥有动态多源的海量数据库、三维可视化的规划展示和定制化的大数据决策支持。互联网大数据及人工智能等新兴技术的发展，不仅深刻地改变经济、社会生活的方方面面，也同样推动着规划设计行业转型升级。

当前，天津市城市规划设计研究总院有限公司正在着力培育数字化、信息化、智慧化业务，将企业的服务范围从传统规划设计提升到面向国土空间规划和城市治理现代化需求领域，从模型研发到智能编制，从数据整合到业务联动，从辅助研究到决策支持，形成研究、应用、提高的全面升级。

2020 年以来，欧美、日本发达国家也将智慧城市发展从局部探索提升为国家战略。这些国家较早地认识到了智慧城市的前瞻性，目前的建设成果也颇为显著。本书正是基于对欧洲智慧城市取得的成果及出现的问题，进行批判性的探讨，并提出智慧城市的发展趋势预测。本书主要面向对智慧城市规划实践和结果感兴趣的人群，不论是规划技术人员、规划管理者，还是其他专业人士和学生，本书均提供了可供借鉴的知识。

周长林

2022 年 8 月

前言

在过去的十多年间，数字城市或智慧城市，已经从宣传发动转变为具体项目的落地实施。全球范围内大量项目涌现出来，成就斐然。这些项目涉及许多方面，极具进取性。但是，发达国家和发展中国家的本质区别却被忽略了。尽管第一批付诸实施的项目，目的是为了对数字城市给出合适的定义、探讨应当加以考虑的要素，包括正面要素和负面要素。但是，尼古拉斯·杜埃(Nicolas Douay)的工作却证明，数字城市在社会学方面，已经有了成熟的概念。现在的问题，不是赞扬或者谴责，而是应该针对当前情况，以一种批判的态度，对数字城市这一主题，作进一步深入探讨。

关于数字城市，其中很重要的一个方面就是，对数字城市的本质定义缺乏必要的关注，而是更多地注重项目实施之后，对城市主义和城市规划所产生的影响。实际上，在前人研究的基础上，作者坚持数字城市的两极化解释，例如开放系统与封闭系统机构参与与非机构参与等。基于这种两极化认识，作者提出了四种发展趋势，即算法化、优步化、维基化和开源化城市规划。数字城市研究的先驱安东尼·汤森(Anthony Townsend)、亚当·格林菲尔德(Adam Greenfield)及作者本人都反对简单的自上而下的方法，更倾向于在综合高效系统内，由新型控制理论所激发的、更加高度综合的自上而下的方法。

在尼古拉斯·杜埃的作品中，我们能够发现这种对立，并且在某些重要细节上，这种对立更加明显。通过法国和其他国外案例的具体分析研究，就可以发现这一点。本书作者根据巴黎和马赛两座城市的案例，以及作者具有深度了解的其他亚洲城市，特别是中国的城市案例，探讨了在当代数字城市中正在发挥作用的四种发展趋势。宏伟的理论框架，加上对各个不同领域的深入洞察，二者有机地结合起来，是很值得称道的。

尼古拉斯·杜埃的著作，虽然是源于一篇论文，但是他仍然倾注了大量心血。在服务私有化、个人主义泛化和优步化加剧的大趋势下，基础设施常被改造成各种平台，这正是作者所追求的。作者怀着令人称羡的勇气，试图对公共管理部门和规划师的角色进行重新定义。本书最后部分探讨开放资源问题，同时也是在数字技术全胜时代，向那些希望在理性和民主两方面拯救规划理想的人士，发出的呼吁。

安东尼·皮康(Antoine Picon)

目录

1　导论 …………………………………………………………………… 1

1.1　基于数字突破的城市规划的反思 ……………………………… 2

1.2　城市规划方法、参与者和规划过程的数字化 ………………… 4

1.3　情景1:以专家为主体的城市规划的回归 …………………… 6

1.4　情景2:城市资本领域扩张下的城市规划 …………………… 7

1.5　情景3:公众参与的多样化城市规划 ………………………… 8

1.6　情景4:开放的城市规划机构 ………………………………… 9

1.7　本书的来源和组成 …………………………………………… 12

2 “算法化”城市规划:理性主义的回归 …… 14

2.1 引言 …… 14

2.2 从技术突破到城市规划转型 …… 16

2.2.1 城市与技术:集中还是分散? …… 16

2.2.2 大数据时代的城市 …… 20

2.2.3 利用大数据更好地了解地域和城市规划主体 …… 23

2.3 智慧城市的起源 …… 28

2.3.1 智慧城市的起源 …… 28

2.3.2 城市规划新模式的传播 …… 31

2.3.3 模型的本土化 …… 36

2.4 智慧城市表象下理性规划的回归 …… 43

2.4.1 参与者:“极客”城市规划师的背后,是工程师的回归 …… 44

2.4.2 过程与方法:城市规划走向算法治理 …… 45

2.4.3 实例:智慧方法占据主导地位 …… 48

2.5 小结 …… 51

3 “优步化”城市规划:资本的扩张 …… 52

3.1 引言 …… 52

3.2 城市私有化的新阶段:从大集团化到“优步化” …… 53

3.2.1 数字技术时代的资本扩张 …… 53

3.2.2 GAFA:互联网巨头 …… 58
3.2.3 共享经济的发展 …… 63
3.3 地域对公众参与者和城市管理的影响 …… 70
3.3.1 巴黎,爱彼迎的世界之都 …… 70
3.3.2 规划的合理性受到共享经济的挑战 …… 74
3.4 城市规划与共享经济同行 …… 76
3.5 创新表象下的战略规划更新 …… 78
3.5.1 参与者:初创企业背后,是对规划师的挑战 …… 79
3.5.2 过程和方法:去中介化到城市服务 …… 80
3.5.3 实例:私人数字技术的主导地位 …… 81
3.6 结论 …… 82

4 “维基化”城市规划:寻找多样化城市 …… 84
4.1 引言 …… 84
4.2 非政府参与者的新数字资源 …… 85
4.2.1 互联网的起源 …… 85
4.2.2 从公共空间和社会资源的扩展,到解决方案的形成 …… 86
4.2.3 城市中的数字化和数字化公共产品 …… 93
4.3 空间规划的2.0版:公众参与行动 …… 96
4.3.1 在线参与度和倡议 …… 97
4.3.2 在脸书(Facebook)上进行交流和讨论 …… 99

4.3.3 参与式图像(Carticipe)平台的发展建议 …………… 105
4.3.4 平台发展的2.0版 ………………………………… 109
4.4 在虚拟2.0环境下规划交互式更新 ……………… 110
4.4.1 参与者:“黑客”形象的背后,是城市规划师的参与式回归 ……………………………… 111
4.4.2 过程与方法:迈向城市“网络民主” …………… 114
4.4.3 实例:平台设计的挑战,为公众参与创造条件 …… 116
4.5 结论 ……………………………………………… 118

5 “开源化”城市规划:城市规划方法的更新 ……………… 120
5.1 引言 ……………………………………………… 120
5.2 规划流程简介 …………………………………… 121
5.2.1 从各种挑战的增加到参与性机制的出现 ………… 121
5.2.2 数字化,一种新型参与方式 ………………………… 125
5.3 定义和测试在线参与的技术手段:以巴黎为例 ………… 133
5.3.1 从参与式到数字化里程碑 ………………………… 133
5.3.2 关于社交网络的公开辩论:推特(Twitter)上的巴黎市议会案例 ……………………………… 136
5.3.3 控制性详细规划数字化:地方城市规划方案修改案例 ……………………………………… 143
5.3.4 创造一个新的数字工具:参与式案例 ……………… 151

5.4 让规划的协作里程碑变得有效的新工具 …………… 155
5.4.1 参与者:在专家角色的背后,是城市规划师作为数字中介人的演变 …………… 156
5.4.2 过程和方法:从平台到参与式城市规划 …………… 158
5.4.3 实例:寻找公众 …………… 160
5.5 总结 …………… 161

6 结论 …………… 162
6.1 互动和进化的典型方面 …………… 162
6.2 数字城市(城市规划转型实验室)的发展前景 …………… 169

参考文献 …………… 172

致谢 …………… 207

1

导论

本书的目的，主要是讨论数字技术所带来的挑战，以及数字技术在城市发展过程中的应用。的确，技术变革往往会引起重大的社会变革，而这种变革通常会反映在空间规划和问题导向的规划实践之中。因此，信息交流对于一个地区的活力至关重要，例如印刷术的引入使信息得以广泛传播。之后，电报、无线广播、电话和电视也随之涌现出来。最近，互联网的发明使信息得以在世界范围内传播，个人与计算机之间，可以进行合作与互动，而不受地理位置限制。此外，除了技术革新，数字技术还带来深刻的社会变革。莫利斯·多玛斯（Maurice Daumas）和伯特兰·吉勒（Bertrand Gille）在他们的著作中所阐述的“技术体系”，已经不合时宜了。实际上，数字“无处不在”，无法对它准确定位，它已经渗透到了我们生活的各个方面，从最亲密活动，一直到综合性很高的各种活动之中。

这种变革自然会对空间规划产生重大影响。智慧城市，在城市开发建设领域，正在进行广泛的讨论，涉及专业领域、学术领域、市民阶层以及政治领域。它已经成为当代城市发展基本的、甚至是主流思想理论。在一个大城市之间相互竞争的时代，城市应该是智能化或数字化的，并且应具有可持续性、创造性和弹性适应性。

本书并非意图涵盖智慧城市的所有方面，而是在我们的研究基础上，对城市活动家，在城市规划方法选择和城市规划过程中，对数字技术的应用所产生的效果进行分析研究。就这一点而言，我们所关注的不是数字城市研究，而是数字城市规划。本书主要对规划实践中各种不同的数字机理以及它所产生的影响，进行关键性评估研究。

1.1　基于数字突破的城市规划的反思

我们面临的挑战，是要克服“技术偏执者”和“技术恐惧者”之间的鸿沟，重点关注它们所产生的影响，以便根据技术发展和突破来重新审视城市规划理论。规划的相关理论术语，可以说是起源于英语。但是，实际上，在法国，是否能够以可持续性的方式来实施，还处于争论之中。然而，我们相信，了解这种技术所产生的影响是很有用的。这种影响不是指对城市的整体发展，而是指通过规划和管理所带来的对城市未来发展的影响。

规划的定义存在争议。约翰·弗里德曼（John Friedmann）认为，规划就是在集体决策过程中对知识的综合应用，或者就是在理论与实际应用之间，建立起一种简单的联系。雅克·莱维（Jacques Levy）和米歇尔·卢梭奥（Michel Lussault）给出了一个更专业的定义。他们将规划视为："在一定时期中，针对某个区域或者空间，对其发展变化进行预测、以及使公众活动与私人活动相互协调的一种决策机制。"而皮埃尔·梅林（Pierre Merlin）和弗朗索瓦·肖艾（Frangoise Choay）则强调预期维度，包括计划的制定及由此产生的决策。规划行使某种权力，或者至少能够对未来发展产生多方面影响，包括经济发展、自然资源、文化、规划以及其他方面。

从理论上来说，规划的发展受广泛的意识形态的影响，从最保守的，到最激进的，再到实用主义思想。关于规划理论，安德烈斯·法鲁迪（Andreas Faludi）把它分为两类：第一种类型涉及规划实体和物质材料方面，即规划对象；第二种类型是指规划程序，包括规划参与者、相关规则和规划过程。然而，菲利普·阿尔门丁格（Philip Allmendinger）对这种程序性理论和实体性理论之间的划分，进行了批判。他认为，这两种理论都无法逃脱特定历史背景下所产生的文化传统的影响。因此，任何规划理论，都应该是程序和实体的有机组合。

本书不会对规划的物质实物方面提出质疑，因为规划对象并非智慧城市本身。实际上，所提出的疑问主要是，在地区性规划参与者序列数字化进程中，关于城市构成要素的发展演化、以及所采用的方法和程序。因此，本书重点探讨规划程序方面的问题，研究当代城市的发展演变。有时，城市可以自称智能化或数字化。除了这些标签之外，本书还涉及数字城市规划过程中，这些技术对城市发展所产生的影响。

1.2 城市规划方法、参与者和规划过程的数字化

本书的目的是观察数字化。数字化可以表述为数字化行为。换言之，数字化就是对现实的模拟，通过数字来表达和翻译。更具体而言，关于数字技术对社会所产生的影响，是持乐观主义态度，还是悲观主义态度的问题。

第一种态度是网络乐观主义。他们认为，互联网的出现可能会催生一个更开放的社会，公民可以更自由地参加民主活动。第二种态度是网络悲观主义。这种态度与第一种态度截然相反，他们把互联网视为一种服务于新技术精英的技术，代表大型私人团体的利益，阻止技术上来不及更新的人的参与，甚至组织建立对个人行为的广泛监控。网络乐观主义者和网络悲观主义者之间的这种分歧，刘易斯·芒福德（Lewis Mumford）对其进行了重新定义。芒福德认为，工业文明伴随着巨大的风险，现代技术所带来的希望，将被专制的“巨型机器”所背叛。换言之，这是一个乌托邦和灾变论如何区分的问题。

因此，本书的目的，主要是要回答这样一个问题：数字技术的使用，对城市规划方法、规划参与者和规划过程，会产生哪些影响？更具体地说，这涉及观察研究数字技术所提供的资源，看它是否允许我们重新审视关于城市规划的理论争论。

通过三个主要方面，即方法、参与者和过程，探讨数字化规划实践所产生的影响。由此，关于城市规划风格的演变，推演出四个情景。

这四个情景代表了数字城市的主要内容。运用理想模型，可以更加明确地确定研究对象所涉及的变量，更好地组织构建定性分析。理想模型的构建，是马克思·韦博（Max Weber）社会学思想的核心。理想模型必须来自社会现实之中，并加以抽象分析和综合评价。具有代表性的某个事实材料或者一组事实材料，需要对它们的某些特征进行抽象分析，重点处理。典型材料的选择，必须能够把多方面的问题综合起来，形成一般性理论，而这种理论又具有特殊性、异质性，不会与其他后续理论相重合。最后，这种理想模型可以让我们对社会事实材料进行分类分析。

> 它是一种反馈过程，也就是从具体案例和具体情况出发，向一般化转化的过程。从具体案例和具体情况中，抽取出最典型的特征，并将其一般化（即理想模型）。据此，可以对研究中所遇到的各种不同的具体案例，确定优先等级。

对于我们的研究而言，“典型”方面的发展在理论和实证领域能够得到实现，而“典型转化”使得突出数字技术使用的最典型、甚至是规范性特征成为可能。

最后，数字城市的典型方面更多属于相辅相成而非相互矛盾，从而反映出各种可能的情况，而这些情况又在新的本地布局中相互关联。它们强调了参与重新定义城市发展过程的不同类型的行为主体（技术、私人、公民和机构）。

1.3 情景1：以专家为主体的城市规划的回归

首先，城市发展方式涉及技术的演变。互联网提供了新型通信的可能性，和获取更多数据的途径，数据处理速度更快。借助于数字技术（以图像形式表现），数据处理可以实现自动化，为规划提供了新的资源。因此，智慧城市最初是基于一场技术革命。从城市政策的实质来看，智慧城市可以采取互联智能网格或驾驶舱的形式，塑造环境友好型城市的理想，或与之相反，实现对所有人的控制和监控。此外，从程序上看，城市发展通常是指参与者之间的互动和权力关系，但交换的数据变得庞大（大数据），其规模可能给人一种剥夺城市发展、损害公民利益的印象。

鉴于有关城市规划风格演变的理论辩论，我们提出的假设是：规划方法的数字化相当于回归以专家为主体的城市规划，并在城市发展中以技术主体为主导。该现象将赋予理性规划新的活力，而现在，理性规划却以可持续城市规划的名义出现。这种规划模式最早出现于十九世纪，当时部分城市因快速工业化而爆发了强劲的增长势头。随之，理性模式促进了作为专家的传统规划主体、政策制定者和规划者之间的交互作用。理性规划的目标是制定计划、规范管理土地用途，并通过界定分区、控制建筑密度和安装公共设施的位置指引城市发展。然而，自二十世纪七十年代以来，这种模式一直受到质疑。但我们可以假设，得益于数字技术，尤其是智能网格的特性，它正在经历一次复兴。

1.4 情景 2：城市资本领域扩张下的城市规划

关于数字城市的出现对行为主体的影响，可以从两方面解读：一方面来自私营部分，另一方面来自公民社会。此处，我们关注的是因数字经济的发展而发现新市场的私营主体部分。它可以指最大的城市服务集团，通过出售数字技术解决方案，从而使其活动多样化。也可以指新出现的来自数字经济世界的城市主体。其中，最大的城市服务集团（GAFA：谷歌，苹果，脸书，亚马逊等）认为这是一种自然的延伸，而且许多初创企业将开发新的解决方案。有时，它们会对城市的管理产生相当大的影响，比如优步或爱彼迎。

鉴于有关对城市规划风格演变的理论思辨，我们提出假设：数字技术为城市发展带来了新的主体，通过在经典规划场景之外构建新城市，以挑战公共主体的合法性和能力。

这是城市私有化的延续，可以与战略规划方法相关联。此概念相当古老，最初起源于军事领域，后来被商界所利用。二十世纪八十年代全球新自由主义参考体系的出现，使其在西方世界得以推广，并应用于公共部门，特别是应用于发展领域和城市规划领域。战略模式打破了传统模式，侧重于通过实施项目以寻求结果的公共行动。在空间规划方面，战略模式对私营主体更开放。他们参与规划内容的制定，并通过公私伙伴关系参与战略的实施。考虑到经济全球化和城市间竞争的影响，吸引力问题便成为核心议题。随着数字经济主体在城市发展中的出现，我们可以假设，这种战略影响力将以一种全新的形式回归，我们可称之为“后战略”，而私营主体的影响力则通过将经典规划场景翻倍而提升。

1.5 情景3：公众参与的多样化城市规划

除私营主体外，数字城市还具有公民维度。这涉及秉承互联网络创建者的精神，互联网络创建者或多或少属于有组织的公民，但他们仍然在一个网络内行动，从而解决城市问题。通过各种社会技术手段，他们可以质疑或提出新的规划政策，这些政策构成了由公共机构主导的城市规划实践的备选方案。

鉴于有关城市规划风格演变的理论辩论，我们提出假设：公民社会主体与私营数字技术主体参与同一动态，以质疑公共社会主体通过绕过经典规划场景来发展城市的合法性和能力。

这种动态并不新鲜，它是社会运动的影响所在。而现在，这种影响基于数字技术，因此加强了规划的传播视角。这就好比战略规划，其传播方法也是对传统规划模型的重新思考。这一趋势的起源与社会运动理论一致，并自 20 世纪 90 年代以来已在地域规划领域正式确立，以作为社会更加多元化的一部分。该方法建议通过传播更新规划。

战略性和沟通性维度以一种互补的方式构建了规划更新条例，其中，城市发展和管理的机构主体不一定落伍或被忽略，但他们也可以利用数字技术来开放城市规划过程。

1.6　情景 4：开放的城市规划机构

关于城市规划过程的数字化问题，是指公共数据（开放式数据）的沟通和开放，以及技术为创造城市主体之间的对话而提供的新资源。因此，公共主导的城市规划实践可能会发生变革。更具体而言，数字技术的影响反映在参与式规划工具的演变中。此外，社会技术设备的数字化为城市政策的讨论和思考提供了新的空间维度。

鉴于有关城市规划风格演变的理论辩论，我们提出假设，数字技术提供了额外的资源，成为多方联合的里程碑，使城市规划更加能够看得到，摸得着。此方法源于传播视角，并且现在在理论辩论中占据主导地位。该理论方法旨在通过大量主体之间的成功互动而达成共识。

在协作规划的理想模式中，代表不同利益的利益相关者会进行面对面交谈，并共同制定出解决问题的策略。参与者通过结合实情调查开展工作，并就问题、使命和行动达成共识。参与者们学习知识并共同进化。适当条件下，这种交谈可以产生比各部分之和更大的效果。

然而在实践中，理论话语与权力关系的现实存在一定的差距。从这个意义上说，数字技术为使这一转折点更加有效而提供了新的可能性。实际实践中，关于空间规划的这四个理论方面（见表 1.1）趋同而清晰。

表 1.1　理论规划模式

	理性	战略	沟通	协作
起源	二十世纪 50 年代	二十世纪 80 年代	二十世纪 60 年代	二十世纪 90 年代
	现代主义与行政世界	新自由主义与商业世界	后现代主义与社会运动世界	全球化和大都市化；公众世界、私营领域和公民领域
目标和创始价值观	科学规范土地使用	获取结果的效率	行为主体之间互动以达成共识	实用主义：侧重结果和涉及的行为主体
地域	取决于政治和行政边界	取决于地域的优劣势，尤其是所采取的战略	取决于空间背景，尤其是主体	取决于地域和主体
主体	政策制定者和规划者	政策制定者连同经济主体	支持公民言论的所有人	所有参与此过程却无一人处于主导地位的主体

续表

	理性	战略	沟通	协作
规划者角色	规划者扮演核心角色（专家角色），这是由其科研技术知识所保证的	规划者对结果持有务实的态度	策划者是一名谈判者，他将为主体提供调解人的机会	规划者既要扮演专家角色，又要充当谈判者或调解人的角色
方法	科学的、理性的、全局的、统计学的方法	前瞻性、选择性、战略性、情境化方法	沟通、互动、共识性方法	前瞻性、战略性、沟通性、互动性、科学性方法
决策过程	中央集权、纵向、专制	锁定了掌握权力的关键人物	开放式、递升式、协作式、互动式，有时是非正式的	开放式和协作式，同时注重决策制定
工具	规范，与土地分区的实践	积极制定公约和激励措施以动员主体	沟通以阐明决策并赋予主体权力	混合型，如明确表达空间和主体策略
内容	以土地利用分配为焦点的全球计划	部分空间化项目，专注于特定问题和期望实现的结果	部分空间化项目，侧重于主体的意愿和互动，特别得益于愿景和共同价值观的发展	空间化项目，其内容成为达成共识的工具

续表

	理性	战略	沟通	协作
实施	静态的、分层的实施，指土地利用（自上而下的方法）	持续的、迭代的实施，指背景环境的开发，但特别指与资源相关的预期结果	持续的、互动的、动态的实施，指维持主体之间的共识以实施行动（自下而上的方法）	持续的、迭代的实施，以维持主体之间的互动，从而实现共同目标
数字城市的化身	由智能网格算法管理的智慧型、可持续型城市	由私营部门管理的创新型、竞争型城市（GAFA和初创企业）	由公民直接管理的另类城市	通过与公民协作，由机构管理的参与式城市

1.7 本书的来源和组成

本书介绍的内容，源自2016年11月在巴黎索邦大学答辩的“Habilitation *à* diriger des recherches”（具有指导博士研究的能力）论文。因为本项研究属于全新的工作，但建立在许多先前的研究工作上。一方面，这涉及对空间规划的研究，与数字技术的挑战无显著联系；另一方面，这涉及一系列作品，通常是集体作品，这些作品质疑数字技术在城市社会运动或城市规划实践中的不同应用。此外，为撰写本书，我们还专门进行了一系列访谈、案例研究和观察。

这一研究领域不断变化的性质赋予它具有特殊的方面。事实上，相关理论处于百花齐放的状态，数字技术在规划领域的实际应用也在迅速发展。因此，本书主要阐述研究工作的主要问题并提出新的问题，而非提供明确的答案。

2

“算法化”城市规划：理性主义的回归

2.1 引言

当代城市正变得愈加智能化。这是否意味着，截至目前，这座城市就是愚钝的？事实并非如此，但它可以说明一个城市数字化的渐变过程。智慧城市是一个新的标准，是我们对现实进行优化干预的一种外在评判。据皮埃尔·穆勒（Pierre Muller）所述，行为主体正是参照这类评判标准来组织其对问题的看法、比较其解决方案，并确定其行动建议的。这一世界观是政策的一项参考框架，就这个角度而言，智慧城市在城市规划实践中日益成为主导的建设模式（尤其是规划方法上）。如让-保罗·拉卡兹（Jean-Paul Lacaze）在其关于城市规划方法的书中所言：

> 一旦有人试图参与或主导某项行动，以改变城市空间的使用模式，从而使其达到更理想的状态，城市规划就会出现。因为任何城市规划的方法均需结合多个领域的知识——不仅涉及科学知识、技术诀窍、专业知识和项目运营，还涵盖法律规范或社会政治实践——因此，作出选择的方式以及由此制定的决策标准对于该领域而言至关重要。

数字技术已逐渐融入人们的生活方式、技术诀窍和专业知识，我们可以预见，数字技术对城市规划及其方法的影响正日益广泛。

本章的目的是判断数字化进程对城市规划方法的影响。数字技术将如何提升规划的知识和专业技能？数字化进程将如何影响城市规划者的专业态度？

如需回答上述问题，特别是为了表征该新技术（著名的大数据）所产生的影响：首先，需要研究地域和技术发展之间的联系；其次，我们将研究实现智慧城市可以采取的不同方法；再次，我们将研究智慧城市与城市规划理论和实践中的另一个主导概念，即可持续性城市之间的联系。总之，我们将根据城市规划理论探讨城市向智慧化转变的意义，并提出通过全新的数字技术让城市重新回归理性。

2.2 从技术突破到城市规划转型

2.2.1 城市与技术：集中还是分散？

2.2.1.1 技术创新对空间和社会的影响

关于城市历史的记载中，新技术的出现通常会打破社会和地域的平衡。继刘易斯·芒福德（Lewis Mumford）的《机器的神话》之后，瓦莱丽·珀若（Valerie Peugeot）指出，新技术突破经常引发关于“共同行动”话题的争议。一方面是集中式模型，另一方面是分散式和局部分布式模型，两者之间存在着反复出现的紧张关系。

在现代历史中，我们可以想象印刷术的发明对西方文化及其社会的深刻影响。尽管印刷术涉及一定的集中化，但书籍的传播是分散化模式的一部分，是深刻变革的载体。另外，书籍数量的显著增加增强了写作对思想和表达的影响，同时也改变了口头表达在整个文化中的相对地位。因此，私人阅读的实践开辟了解放的新形式。例如，早在1520年，路德（Luther）的论文得以传播开来，进而导致了新教改革和天主教习俗的重新定位，最终引发了文艺复兴。

自十九世纪以来，城市一直处于科技化引领工业革命的进程中。当时，卡尔·马克思是最早认为技术革新决定社会革新的思想家之一。他试图描述资本主义经济的运行方式，其中，劳动分工允许资产阶级通过剥削无产阶级致富。对这种生产方式矛盾的分析表明，资本主义终将崩溃并被社会主义所取代。

除了马克思主义分析之外，技术发展对地域组织的影响也非常重要。就集中化模式而言，我们可以注意到，从18世纪末开始，蒸汽机就以一种集成模式组织了工业革命的发展。该项技术无法小型化，它需要工人集中在大型工厂，从而导致大量人口向城市迁移。20世纪，小型电动机的引入，开启了以分散模式重新部署生产活动的可能性，可以实现蒲鲁东式小型家庭作坊作为生产单位的生产方式。然而，在实现泰勒制科学管理的大型企业中，发展铁路、电报和电话网络时，集中化模式必不可少。此外，新材料（混凝土、钢材、玻璃）和新设备（电梯、空调）的出现改变了建筑施工技术，尤其是使得高层建筑物的建造成为可能。

就城市交通不断变化的条件而言，分散模式更容易被观察到。随着火车、有轨电车和地铁的技术进步，城市首先围绕铁路发展起来。随后汽车的广泛推广，进一步使分散化的城市发展成为可能。随着汽车不断进入千家万户，大都市的卫星城也大量出现，深刻地改变了城市的社会地位和地域组织模式。

2.2.1.2 互联网的出现

信息和通信技术的布署也是导致城市发展有着集中和分散动态变化的原因之一。起初，互联网是由美国国防部门的研究人员所开发。随后，包括IBM在内的大型IT公司都采用了该技术。当时，计算机的体积十分庞大，而机器必须使用穿孔卡片进行输入，以致工作的安排均以机器为中心。

直到20世纪70年代，随着微型计算机的发展，分散模式卷土重来并确立了自己的地位。实际上，互联网也是美国反主流文化的产物。全球网络是建立在共享和中立的理想之上的，该理想摒弃了对通过网络传输的信息的来源、目的地或内容的任何歧视。另外，除技术革命之外，人类理解周围世界的方式也发生了根本变化。信息、图像和视频的持续性与可快速获得性，对人们的心理、道德、社会发展、社会结构、功能、文化交流以及价值观和人生观均产生了影响。

探讨数字与地域之间的关系具有多种不同的方式。二十世纪九十年代，互联网和数字网络经常被用来在城市基础设施网络的历史连续性中进行分析。因此，加布里埃尔·迪皮伊（Gabriel Dupuy）在《城市计算机化》一书中描绘了一组当时网络连接的画面。作者设计了一种无形的光纤，已超出了传统网络的基准。这种将互联网作为城市基础设施的分析尚未解决其使用的复杂性，便得以飞速发展，互联网的发展很快就变得非常庞大。

2000年，多米尼克·布利耶（Dominique Boullier）在其著作《数字风格》中提到，信息和通信技术为该地域及其资源的用户带来了一种前所未有的敏锐性。该书通过描述数字技术所带来的变化，建立了一种数字技术与地域的新关系。因此，数字与地域之间的关系不再仅仅涉及城市技术和网络在历史上的连续性，还涉及数字技术用户在社会学和感知上的变化。因此，这种技术创新引入了一种新型地域占有模式。近期，据塞尔日·瓦克泰（Serge Wachter）所述，“新的信息和通信技术（NICTs）对城市物理形态的影响不及对其居民个人及其社会经验的影响大”。

2012年，鲍里斯·博多（Boris Beaude）坚持认为，互联网与其说是一个同步的地方，不如说是一个同步传输的地方。它是一个让城市居民可以共同行动的空间，即互动空间。

> 城市是一个互动的特许场所，它之所以更具吸引力，是因为它将所有接触方式联系起来，比以往任何时候都能最大限度地发挥居民与自身以及与他人的社会互动的潜力。随着地理定位的泛化，其空间的混杂化也在加速。它将地域和网络、有形和无形、模拟和数字紧密联系在一起，以发挥不断变化的特性。空间的混杂化也意味着需考虑实体身份、无实体身份和跨空间性（例如，当一个人既在互联网上又在教室里）。

随着21世纪初Web 2.0的出现，分散化的互联网表征方式也符合其历史演变规律。该“社交网络”允许用户对给定的内容进行创建、互动和协作。2005年，蒂姆·奥赖利（Tim O'Reilly）通过探讨集体智慧，从而使该词变得流行。

> Web 2.0基于一组设计模型：允许人们使用其智能架构系统，并使数据和服务的联合与合作成为可能的轻量级

商业模型。Web 2.0 让人们意识到，并非软件造就了网络，而是服务造就了网络。

蒂姆·伯纳斯-李（Tim Berners-Lee）认为 Web 2.0 和社交网络与进入网络技术（GGG）时期相对应，其间，我们不再连接机器或文件，而是连接人。

2.2.2 大数据时代的城市

数字技术是一类使任何领域的操作问题切实可行，并在技术上可开发利用的技术。这种对数字技术的运用方式已经落后，现今，我们运用算法产生了一个“逻辑有形性”的新维度。就城市层面而言，逻辑有形性可以采取不同的形式，因为它在智能方面是具备多样性的。它适用于不同类型的连接，且数字技术可以覆盖所有的城市服务。该类服务可能涉及资源管理的优化、输入或输出（智能网格）、移动（智能出行）、社会关系（智能社区），甚至城市居民自身（智能公民）和管理形式（智能管理）。

2.2.2.1 数据是数字化转型的中心

城市和数字世界关系的核心是新技术所产生的数据。这些数据在地域与居民之间或地域和实体之间建立起来。它们改变了我们与地域的关系以及我们所处其中的生活方式。因此，城市的智能来自它的传感器，它实时陪伴着居民和实体的日常活动。

互联网网络的发展如此庞大，以至于产生和交换的数据总量变得相当可观，并附带着重大的技术和政治风险。这就是所谓的大数据。大数据是指传统数据库管理或信息管理工具难以处理的大量信息集。处理各种大数据的前景极大，并在一定程度上出乎意料。

网络上传播的海量信息为公司或机构提供了许多机会，使其可以更好地了解市场或专业领域并定制其服务和产品。由于在线数据的云存储、不断分解的算法和数据挖掘的提取（从数据中提取知识），消费者和用户才得以被剖析。因此，大数据时代体现了“5V”特性：大量（volume）、高速（velocity）、多样（variety）、真实（veracity），以及低价值密度（value）。

大数据问题不禁让人想起了技术的集中化和分散化观点的对立。一方面，集中化和自上而下的方法将通过无处不在的传感器和高科技环境促进对城市的解读，从而优化城市活动。然而，这种机遇也伴随着公民自由的问题。

> 此处，我们探讨的并非集权主义（理解为以一种强制模式去行使权力），而是一种默认或明确的协议，它预先自由地将个人与无数负责帮助他们的实体绑定在一起，遵循一种时间连续性和一种以不断累积的形式出现衰落的力量模式。自此以后，我们正从私人生活时代转向私有化生活时代。私有化生活时代倾向于使任何行为均符合由经济主体精心制定和管理的协议，其中，经济主体负责搜集个人行为所发出的痕迹并将其货币化。

因此，该风险需要公共当局的监管。另一方面，分散化和自下而上的观点将提高与技术赋能相对的公民赋能（的力量），即增强与技术算法相对立的公众权力。因此，赋能是来自众多城市收集点（电信、交通、能源供应商、连接对象等）的动态、相互关联的数据库集，它使传统数据库和新的数据聚合空前丰富，从而增加了空间生产分析类型。即使城市无法完全被模型化，大数据也有助于将复杂问题抽象化、简单化，从而优化城市规划技术方法。

2.2.2.2 从大数据到数字模型

城市规模的大数据使我们可以考虑创建数字化模型，或进行建筑信息模型（BIM）。该模型提出了对建筑和设施的规划，以及设施物理和功能特性的数字表达。数字化模型基于这样一种设定：通过在同一个可修改的文档上为所有利益相关者汇集有用的数据，而不仅仅是提供一幅附载建筑和设施的设计、施工、运营和管理的3D表现图。数字化模式使得智慧城市向智慧建筑的延伸成为可能。然后，我们需要量化两个问题：一个问题是，基础设施和系统（水、能源）或各种流（交通、垃圾、实时数据收集（如噪声等））的数字化管理；另一个问题是，建筑本身随着BIM的快速发展，使得建筑可以被数字化建模和连接。下一步，我们从BIM转向城市信息模型（CIM）。CIM是一个社区规模的数字化模型，兼有关于城市规划的决策，从而使城市规划具有前所未有的可视化和可模拟性。

数字化模型还依赖于物体之间的连通性，这使得用户可以单独管理数据。连接物体的网络构成了物联网（IoT），其中，物联网涵盖便于日常生活和减少能源消耗的其他数据集，但这当然也涉及人群监测的风险。最后，大数据革命还涉及人工智能的发展，它应为构建城市生活以及各种流动提供越来越重要的视角。

2.2.3 利用大数据更好地了解地域和城市规划主体

统计机构或私营企业的传统数据库主要基于样本（以问卷、调查表、计数、案例研究、访谈、焦点小组等形式获取）。就地域研究和支持公共行动的角度而言，由统计数据给出的观点较为片面，并在时间和空间上具有一定的局限性。出于可能（这是一个重要问题，详见第5章），采用新技术获取数据可开启一系列视角，也会引发新的问题和议题。由此可知，大数据似乎为地域和城市规划参与者，提供更详细和更复杂的了解。为了说明这一点，我们将研究来自数字社交网络的数据。因此，通过研究社交网络上正在发展的数字社交新形式，城市规划主体可从中感知到新的空间占用。

以下将透过脸书研究城市周边地区。

根据PUCA研究合同的框架，我们研究了脸书用户的地理配准（标记）。研究的区域相当于法兰西岛和皮卡第的边缘地带的252个社区，代表了一百多万居民。本研究所用的方法基于1935个位置的信息库，收集了大约二百万个地理参考位置。选择这种中等密度的空间作为研究对象，可以评估周边空间的集体表现，这种空间的特点是认同感弱，几乎没有社会性。主要结果突出了脸书网络作为原始领土的描述符，与传统的空间分析工具相辅相成。地理参考分析显示了密度图，尤其是这些中等密度区域的重要地区。观测区域在密度和吸引力方面呈现了多种情况。脸书上地理参考位置的类型及比例见表2.1。

表2.1 脸书上地理参考位置的类型及比例

类型	比例/（%）
旅游	7
休闲	15
服务	41
文化	5
酒吧/餐馆	15
交通	6
地域基准	11

用户（地域内的居民或非居民）自动分享的地理定位通常发生在休闲、旅行和娱乐的空闲时间。在这种环境中，用户通过与某些精确位置的接近度或密切关系来标记其对地域的使用。休闲活动反映个体和集体（真实和虚拟）的流行性推动活动，是主要的分析参数。

通过标记不同位置而呈现的数字化的空间图示有助于揭示通过脸书用户行为所获取和维护的地域中心。图2.1显示了社交网络用户公开标记的地理配准强度及其与人群密度的关系。

就社区级别而言，这种可视化证实了标记数量和密度之间的关系。然而，值得考虑的是，城市边缘空间的碎片化、间隙化和网状特征展现了标记活动的地理特征，该特征只能在比社区级别更小的尺度上进行分析：在更小的行政级别上，一个侧边有200m的网格（INSEE网格），其种群和标记密度在统计上是独立的，因此在空间

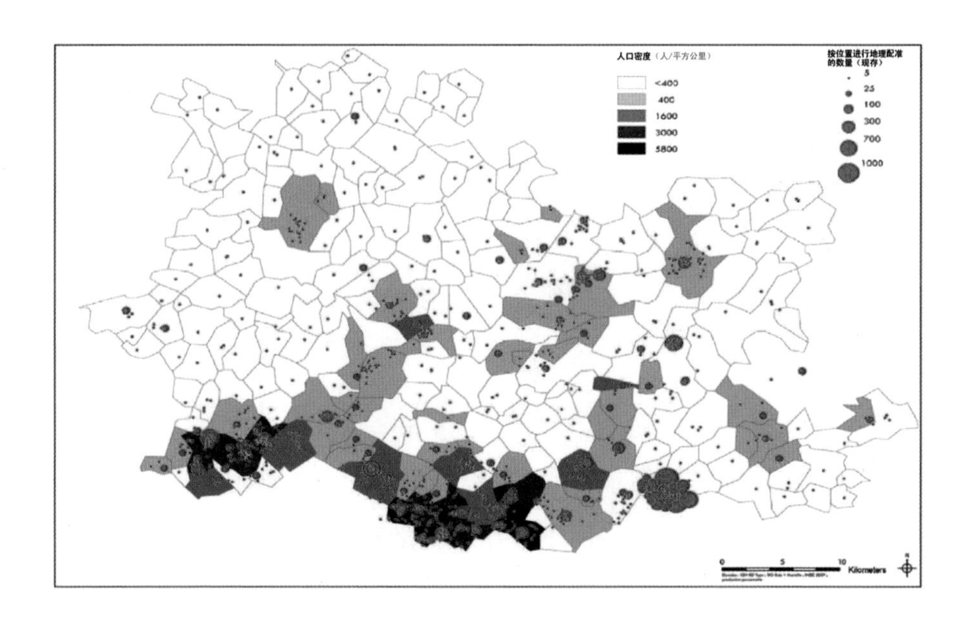

图 2.1　脸书上标记位置的人群密度和地理配准

上是解耦的。因此，我们可知，用户打卡的做法（自动进行地理定位的分享）是指一种与人口的单一居住分布特征不相称的空间实践。

我们在脸书上观察到的位置与研究地域的活动区域存在相关性。因此，我们可以列举部分示例以说明活动区域和地理配准位置的共同存在。这一观察结果证实了可通过动态方法理解位置标记（打卡）。而其中，用户赋予了某个位置有关功能性和吸引力的性质。从这个意义上而言，重要的数字位置是揭示该地域吸引力的地域描述符，同时，活动区域作为中等密度区真实的中心场所出现。

因此，商业、工业、休闲和文化活动空间由高密度或平均密度的城市区域居民确定，如埃库恩·埃赞维尔·萨尔塞勒地区（见

图 2.2)。另外，该地域的重要位置可通过常用词和社交网络确定。其中，该区域的历史文化古迹景区可作为构建社区的催化剂，如埃库昂城堡（Chateau d'Ecouen)。最终，这种地域化社区间产生了薄弱的联系，其中，兴趣相投的用户聚集在具有象征意义元素的适当空间周围。

从理论角度来看，这项研究的主要贡献是在传统的线下信息基础上增加了线上信息层，从而对局部空间进行地域分析。而对于城市规划的实践而言，本研究使得运用数字技术更新方法成为可能，从而更好地理解地域的生活模式和习惯做法。通过数字技术研究得出的地域中心往往可以不同于（在人们的固有观念中）占主导地位的传统地域中心。

同样地，随着《口袋妖精 Go》这款游戏的蓬勃发展，研究“口袋站点”（即分配捕捉口袋妖精所需的精灵球和各种奖励的位置）同样可用于识别出更多城市中心，而不仅仅是巴黎这座大都市的地理中心。这种站点的标识（见图 2.3）揭示了巴黎人民生活习惯的多样性，其高密度区分布在拉夏兹广场、蒙马特高地、肖蒙丘陵公园、蒙苏瑞公园、塞纳河码头、卢森堡公园和维莱特公园：“不仅仅是靠近首都的地理中心，似乎更重要的是靠近历史名胜或建筑名胜的中心”。

除了社交网络的这种分析用途之外，大数据还带来了新的城市模型，例如智慧城市。

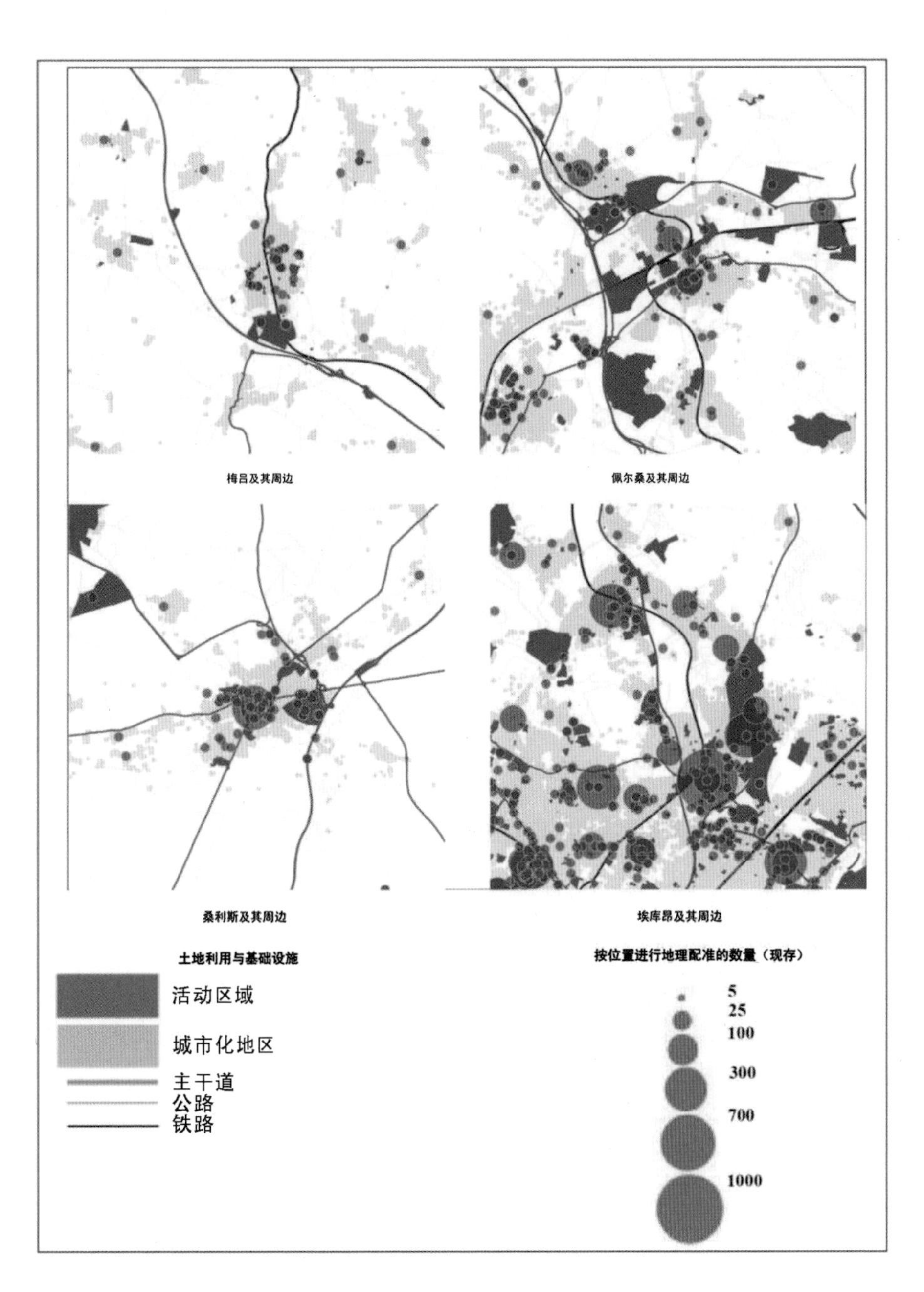

图 2.2　地域数字强度和活动区域

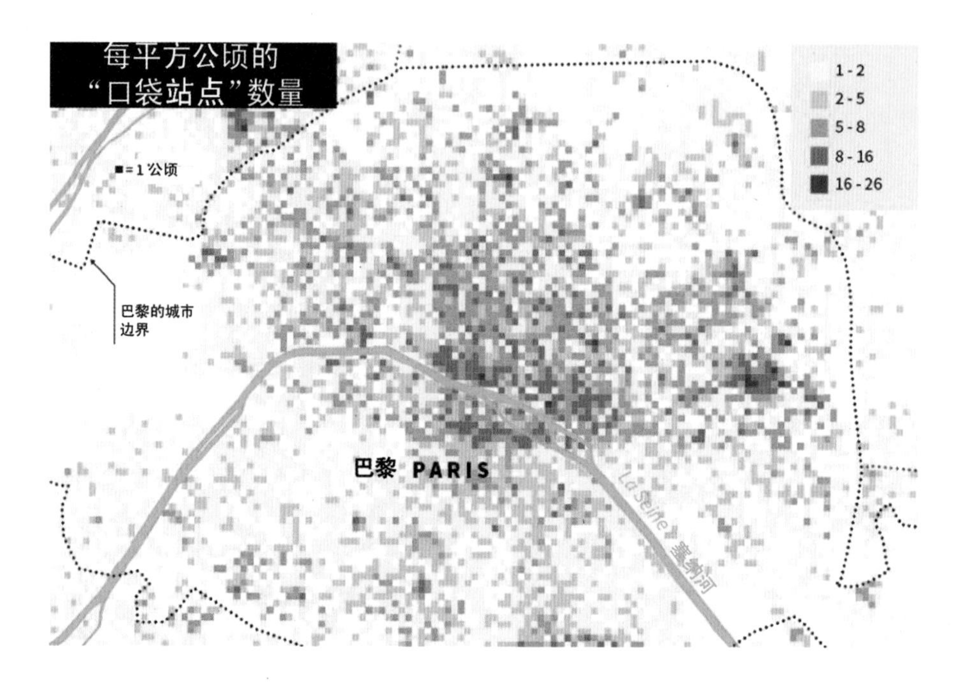

图 2.3　巴黎的“口袋站点”

2.3　智慧城市的起源

2.3.1　智慧城市的起源

认为技术和数据能提供的机会的观点已经过时。控制论的发明者诺伯特·维纳（Norbert Wiener）同意专家们的传统观点，认为城市必须通过提高网络和互动的新陈代谢，以及生产要素的流动，来减弱其有害的外部效应。这种人工智能想象世界也符合智慧城市的理念。

今天，智慧城市属于此类起源的一部分，它源于大数据开发所带来的机遇。目前，关于智慧城市的定义仍不准确，而且在文献和实践中均产生了很大变化。但是它与技术的联系显而易见，尽管它可能涉及更广泛的用途及更高的预算需求。迈克尔·巴蒂（Michael Batty）将智慧城市设想为由大数据的即时管理构成的城市，是城市空间和网络技术融合的结果。对他而言，当城市可以同时处理信息，并且管理和预测空间、网络和人口动态时，城市就会变得智能化。由此可论，智慧城市是基于计算机、传感器、超级计算机和互联网的大规模使用，从而使人们有可能在极短时间内了解和管理城市的这样一个概念。对于安东尼·汤森（Anthony Townsend）而言，大数据甚至是生成智慧城市的必要工具。智慧城市由实时更新的城市信息构成，并以一种长期的、无处不在的形式存在。

这种关于智能城市的定义不断演变，甚至具有不准确的性质，从而使我们有可能将其与我们地域上的不同变化相联系。安托万·皮康（Antoine Picon）指出，智慧城市的理想模型往往表现为追求效率（尤其是在基础设施管理方面）与更广阔的愿景之间的对立，因为后者更加寻求促进交流和提高生活质量。然而，他注意到信息和沟通的重要性、可持续发展的需求和挑战，以及最终在智慧城市中生活的人类的重要趋同性质。其中人类既是用户，也是传感器。另外，他还提出了一个涉及“自我实现理想模型”的想法，并坚持混合布局，将人力与实际操作相结合。由此，智慧城市似乎是部分技术动态性的结果，因为从根本上说，它们同时也是一种理想的、具体的城市实验和转型过程，聚集了众多行为主体。

我们可以区分两种方法类型。第一种，如亚当·格林菲尔德（Adam Greenfield）倡导的一种批判性方法指出，智慧城市项目（主要以阿拉伯联合酋长国的马斯达尔、韩国的松岛和葡萄牙的PlanIT为例）符合资本主义逻辑，它通过向最大的私营集团（IBM、思科、威立雅、达索、通用电气、西门子、飞利浦等）提供新市场来保持经济增长，但这种项目无法满足公民的真正需求。第二种，一种更为乐观的方法指出，新信息和通信技术的使用提升了人类的生活质量，并解决了环境问题。因此，数字化转型通常与环境转型相关。智慧城市对实现城市可持续发展的贡献不仅仅局限于改善基础设施，它还涉及通过改变居民在出行、能源使用和废物处理方面的行为，鼓励居民采用更加可持续的生活方式。由此可知，智慧城市将是一个数字化和可持续性的城市，其中，数字技术的使用将优化其功能与可持续发展的目标相结合，从而实现良性目标。

尽管如此，我们在寻求经济持续增长与温室气体排放大幅减少的兼容性方面存在争论之外，对智慧城市生活质量提高的持续强调也带来了问题。最近，众多基于社会实践理论的研究均着重提出，难以预测新技术对国内空间的影响，因为其可能会增加甚至产生更多的能源密集消耗的合理标准。就这个角度出发，约朗德·施特雷纳斯（Yolande Streners）将通过智能能源技术实现可持续发展的理想称为智能乌托邦。

2.3.2 城市规划新模式的传播

2.3.2.1 智慧城市是当代城市政策的重要目标

全球化背景下，发展政策的演变几十年来一直以标准化和同质化动态为特征，突出了“良好实践”的传播。这些参考实践不仅指城市政策在其共同内容中的实质特征，而且还包括定义“善治”的过程特征。

提及弗兰格斯·肖艾（Frangoise Choay）的研究工作，其参考实践对应的参考模式可定义为“空间投影”和“城市形象”，既具“示范性”，又具“可复制性”，符合“城市群的理想类型”。但是，这种主流城市实践并未被完全复制，而是作为一个空间到另一个空间的适应环境的参考。政策转移和城市政策灵活性的概念是指在给定的政策系统（过去或现在）中使用的相关知识，被应用在另一种背景环境下来制定政策和制度安排的过程。政策转移是基于不同社区的思想、实践或专业知识的。在大都市化的背景下，这种模式的转移主要集中在城市。它们是摆在各国地方政府面前的知识和交流战略的节点。

这种标准化的解决方案成为经典甚至是主导的城市模式，它们通常结合了智慧城市“套件”的不同基本要素。如今，智慧城市已成为城市规划实践的重要模式，其不准确的定义使其与城市的不同价值观和表征形式相适应。例如，随着 FabLab、Hackerspace、Makerspace 或 TechShop 等众创空间的发展，在当地创建一个新硅谷的梦想将促进那些旨在缔造新商业区的城市复兴项目向前推进，这种项目将作为数字化活动的孵化器。这样的创新平台，是在城市群竞争背景环境下，作为一种城市营销策略，以吸引投资和最具创新精神和知识的人才。因此，在巴黎及其近郊，创新之弧（Arc de l'innovation）的创建，将许可开发 100000 m^2 的区域专门用于创新工作，并配备大量灵活配置的空间。其中，最具代表性的当然是F站，它于 2017 年 7 月在 Freyssinet Hall 建成，成为世界上最大的创意产业园区（34000 m^2）。大巴黎计划的数字化第三方见图 2.4。

另一种可能的表现形式是数字驾驶舱，它有助于控制城市规划和管理。这一观点是由美国 IBM 集团所推动的，其目标是使城市更加智能化。

2.3.2.2 IBM“聪明城市”计划

国际商业机器公司（International Business Machines Corporation），简称 IBM，是一家总部位于美国的跨国公司，一个多世纪以来一直活跃在计算机硬件、软件和计算机服务领域。该公司最初因其具备管理与人口普查和美国社会保障法案相关的大型数据库的能力而闻名。渐渐地，IBM 放弃了计算机硬件的设计与营销，转向软件开发业务和服务。自 2002 年收购普华永道（PWC）咨询公司以来，IBM 已成为全球领先的咨询公司。

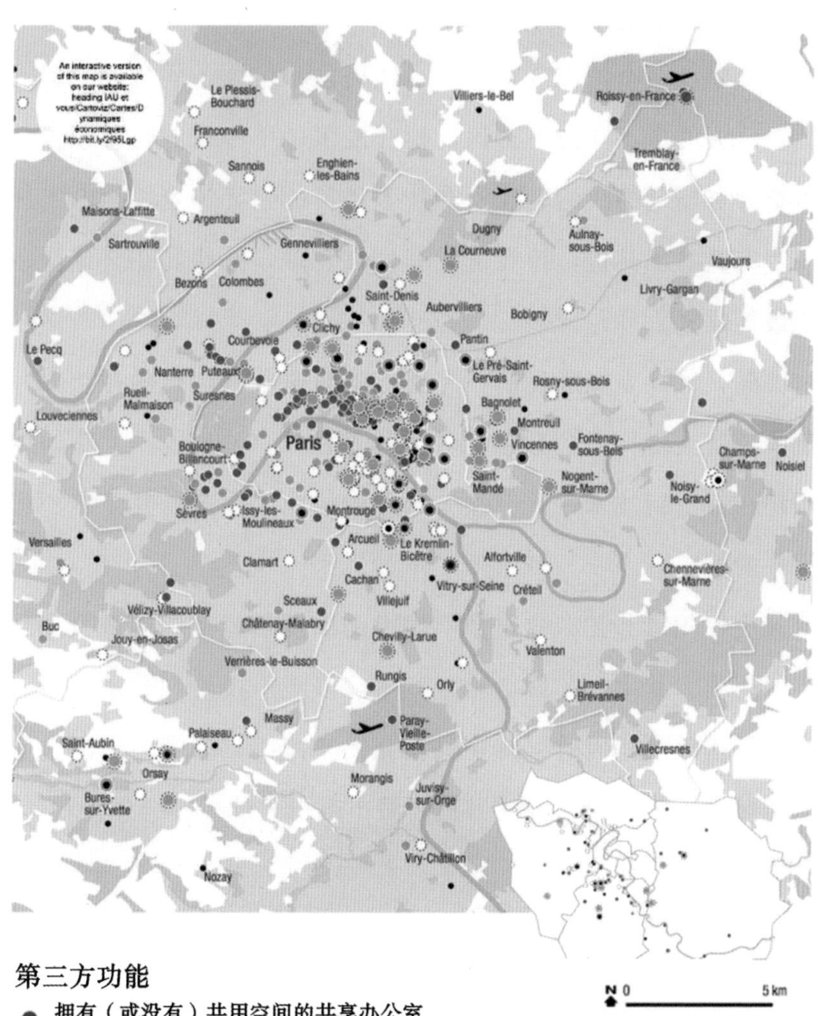

第三方功能

- 拥有（或没有）共用空间的共享办公室
  配备服务的开放式办公室，如电信中心和商业中心
- 共用工作空间：共享办公空间的主要用户为独立用户、小微企业、初创企业等，这些用户在该空间内组成了独特的协作社区
- 微观装配实验室：数字化制造车间、创客空间、极客空间、原型设计、3D打印等
- 配套服务：企业办公及其他配套设施(育儿室、企业孵化器、托儿所、商务酒店、企业加速器等)

都市区　　绿色空间　　农业区

图 2.4　大巴黎计划的数字化第三方

在通过数字技术支持城市管理的领域，IBM 已成为领先者。智慧城市计划已在全球推广，并在当地提出和实施了同质化的解决方案。在巨大的市场支持下，该计划开发了一个特殊的角色预设，其中包括针对当地的政治、经济和技术精英的三元论点，他们发现这是一个完整的工具包，旨在优化其城市管理，并使其在全球竞争中处于最佳位置。

首先，该计划提醒我们，此类工具面向所有规模的城市，并且大量本土新技术均受到数字化转型的关注："无论规模大小，智慧城市都在开发新技术，并专注于可用的知识，以改变其系统、运营和服务的供应"。

其次，IBM 指出，这种数字城市的出现是经济和地域全球化背景下的产物。其中，各城市相互竞争，以吸引投资和技术精英。在公共预算比以往任何时候都更加紧张的情况下，私营主体通过实施战略性城市政策，势必要成为提高城市吸引力的关键合作伙伴。

> 在与其他城市竞争吸引新居民、企业和游客的过程中，他们必须不断努力提供良好的生活质量和有利的经济气候。具备远见卓识的领导者认识到，尽管紧张的预算、稀缺的资源和现有系统常常挑战其目标，但创新技术均有助于其将挑战转化为机遇。

再次，该三元论点通过强调处理数据的数量和复杂性，提出了此计划的技术维度，这将为优化城市管理提供机会。

> 领导者发现了利用大数据转换、分析和使用以获取更先进知识的可能性。利用云计算可进行不同机构之间的协作；利用流动状态可收集数据并直接从根源解决问题；而利用社会技术可更好地动员公民。他们认为，通过采取更智能的行动，就能改变其城市的运作方式，并使其发挥前所未有的潜力。

最后，谁也无法逃脱 IBM 的数字驾驶舱。它声称可以提供所有城市规划、开发和管理活动的数字化信息（见图 2.5）。

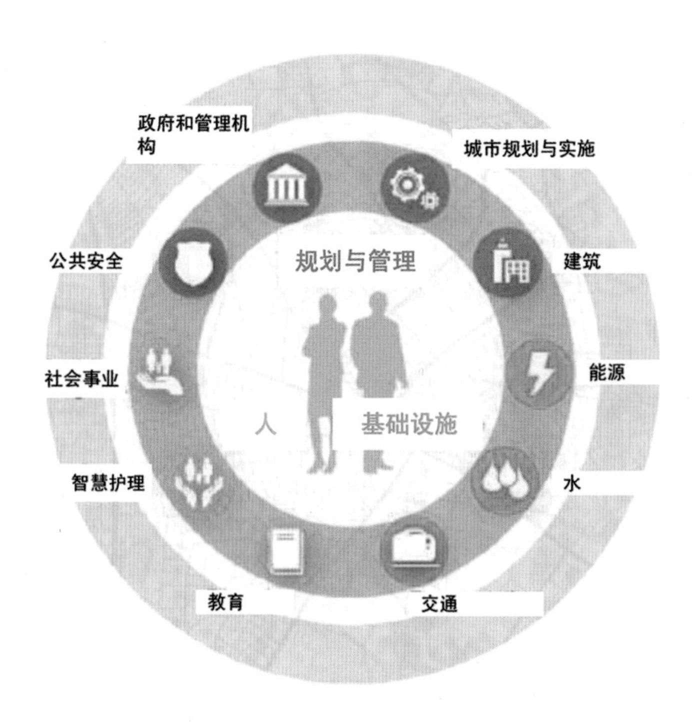

图 2.5　IBM 聪明城市使用范围示意图

2.3.3 模型的本土化

智慧城市项目因行为主体的生态圈正在全球各地成倍增长和传播。在这场运动中，我们可以注意到美国大型科技企业的特殊作用，如思科在2005年成立的连接城市发展项目，微软在2013年成立的未来城市计划，当然还有IBM。

2.3.3.1 里约热内卢运营中心，IBM实例展示

IBM转变城市管理能力的地方示范始于巴西。里约热内卢运营中心于2010年落成，是IBM与里约热内卢市政府合作的成果。该中心被视为全球最大的测量仪器部署中心（见图2.6）。因此，它复兴了于二十世纪五十年代和六十年代出现的控制论项目，以期预测、可视化和控制城市事件。这个关于控制室的神话起源于二十世纪六十年代的美国城市（如洛杉矶），随后二十世纪七十年代的智利也存在此发展趋势。

里约热内卢运营中心的理念是对与气候相关的灾害（暴雨、山体滑坡等）进行充分规划和应对。该中心收集了大约30个机构和市政服务部门的数据，其中涉及私人交通、公共交通、公共安全、公共卫生、天气预测以及技术人员或市民自发的反馈等领域。IBM研发的创新包括存储和处理收集到的海量信息，而这又得益于强大的算法，可使这种信息可视化："在$80m^2$的区域内设置了50个屏幕，每天24h运行，运营中心配备了近400名专业人员。此外，还配备有300000m光纤、700台摄像机、40间会议室和1间危机处理室，以保证中心正常运作。"

图 2.6 里约热内卢运营中心

虽然该中心最初专注于环境风险管理，但它现在可处理更广泛的问题。事实上，在里约热内卢这样的大都市里，社会和安全角度的风险也需要考虑。对于该中心的官员而言，目标是从城市可持续性的角度出发，提取出数据并建模，以确保更好地管理交通流动（交通拥堵、公共交通网络、大型体育赛事期间人群流动管理等）和能源流动。该中心的主要评论家质疑此系统对公众所产生的利益。事实上，IBM 正参与对公众的全面控制，但它并未为里约热内卢的城市发展与管理的挑战提供具体解决方案，而里约热内卢首先迎接的挑战是基础设施的质量和社会可及性问题。此外，运营中心参与了城市政策的非政治化活动。其中，公共问题的构建导致了技术解答的系统阐述，而非讨论解决方案。在当地，居民借助“我的里约热内卢”运动进行了抗议活动，该运动允许居民在一个可供选择的开放平台上进行在线动员。协会成立于2011年，该组织鼓动里约市民说出自己的不满，并为他们提供了发声平台，以捍卫公众权益，如反对拆迁或提高教育服务质量等。如今，该协会网站拥有200000名成员，其中五分之一是青年人，并经由“我们的城市网”传播，已在25个巴西城市建立了相似的平台。

对于硅谷而言，强调的是新技术解决世界问题的能力。叶夫根尼·莫洛佐夫（Evgeny Morozov）认为，这种技术性解决主义是一种假象，其首要目的是避免讨论新技术的政治和社会影响。因此，问题的界定成为传递其技术困境，而非解决真实原因导致的问题，并且该方法通常与过去的方法相差甚远。

运营中心研究主任乌利塞斯·梅洛（Ulisses Mello）认为，里约热内卢的经验是一种可以在其他地域复制的模式。

> COR原则可以复制。它可以通过云计算将大量的城市服务进行关联，以在高级或中级服务水平上运行。在特定的背景下，我们有可能在世界范围内找到技术创造的价值得到证明的城市（我们可以想到韩国首尔附近的仁川松岛）。以传输为例，我们可以方便地输出流量优化和预测信息。由此而论，我认为里约热内卢领先于整个拉丁美洲。圣保罗已经整合了COR模式的部分元素，此外，其他城市也对此模式特别感兴趣。

在当地，IBM参与了该模式的传播，为当地的技术和政治领导人提供了更好的控制城市管理的途径。在法国，我们注意到了蒙彼利埃的案例，这是一个开创性的案例，但在3年后，蒙彼利埃决定结束与IBM的合作关系，重新获得对其数据的控制权。里昂和图卢兹也很快加入该行列。尼斯市也推出了与思科合作创建的智慧交通项目。就像里约热内卢一样，这里具备可持续发展的前景，拥有更灵活的流动性，同时也享有更好的安全性。面对因全面监视公众而受到的谴责，该市前市长为自己的选择负责：“我欣然承认自己是管理型政府，这种表达很正确。我们对个人数据的保护远远超过任何出于商业目的而出售这种数据的公司。这种数据托管于我们自己的数据中心，而非存储于连地理位置都不确定的云数据库中。我们唯一要警惕的是那些犯罪事件!”该市长宣称，“我们在市内安装有999台摄像机，每台摄像机监控343名居民。而在巴黎，每台摄像机监控1532名居民。我非常确信，如果巴黎也配备了和我们一样的监控网络，在未被制服和拦截的情况下，疑犯们不可能通过三个路口”。然而，不幸的是，2016年7月14日，1000台摄像机也未能阻止一辆货车在英格兰大道上的恐怖活动。另外，除了尼斯市，位于巴黎郊区的伊西莱穆利欧社区也是法国当地接受该模式的最成功案例之一。

2.3.3.2 伊西莱穆利欧，法国实验室

在法国乃至整个欧洲范围内，伊西莱穆利欧社区是新技术部署的先驱。2014年，欧盟委员会与中国工业和信息化部发布了一份关

于在中国15个城市和欧洲15个城市实施智慧城市计划的研究报告。在这份榜单中，法国只有两个城市——里昂和伊西莱穆利欧榜上有名。自1995年以来，伊西莱穆利欧市政府一直在为其图书馆提供互联网服务，创建了一个数字化公共空间，并通过共享信息（该市是第一个在网上转发市政局信息的城市）或申请文件，在城市居民和行政管理部门之间建立更多的直接联系。

随着智能配电网的建立，新技术的应用也影响了城市项目的实质性维度。智能配电网采用数字技术优化所有电网的发电、分配和消费，其目的是实现节能和减少碳排放。地区级智能电网项目（IssyGRID项目）于2011年在伊西莱穆利欧启动，旨在建成一个用于测试这种新技术的全尺寸实验室。该项目由市政府和Bouygues Immobilier倡议发起，由多家提供不同技术专长的利益相关者组成：阿尔斯通、布依格能源服务、布伊格电信、法国电力、法国电网输送公司、微软、施耐德电气、Steria、道达尔以及许多创新型初创企业（见图2.7）。该实验仅限于两个社区，初始预算为200万欧元，涉及2000个家庭，5000名居民，办公区域占地160000 m^2，并配有10000名员工。

该配电网在该市创建一个生态区。所有家庭均配备了可编程的家庭自动化工具盒，例如，允许家庭成员远程调节其不同的电力消耗。此外，两口地热井满足了该地区75%的供暖需求，一个特定的基础设施通过气动抽吸系统收集废物，并且还在某些公共设施上安装了光伏太阳能电池板。

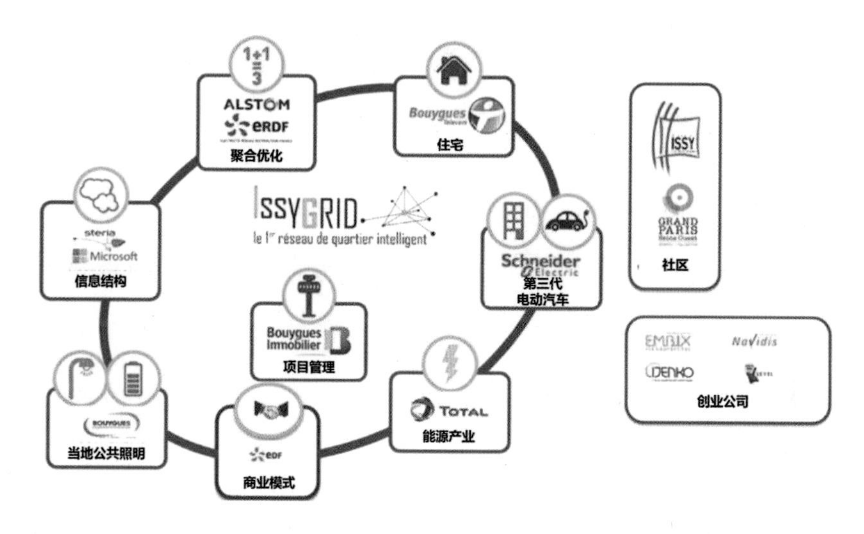

图 2.7 智能电网项目利益相关者及其专业领域

2.3.3.3 智慧城市作为中国香港城市规划的新政

中国香港以往的城市规划表现为：对旧社区实施城市更新，在城市外围地区创建新城市，或者是填海造地。直到 21 世纪初，随着公民环保运动的兴起，位于香港岛和九龙半岛之间的海湾沿岸一直是城市中心发展的经典模式。郊区的情况同样如此，比如上世纪 90 年代末新机场的开发，包括珠港澳大桥，或将对位于市中心和机场之间的一个岛屿实施扩建（东大屿都会），它最终将占用 1000hm^2 的海上土地以容纳大约 700000 名居民。此外，自然空间有时也会被城市化，例如在新界扩建新城市或在与深圳接壤的边境地区创建科技园，如数码港、位于香港中文大学边缘的科技园或落马洲河套区的未来科技园等。

因此，应用数字技术正成为香港许多城市项目的新共同点，其中，智能化与可持续发展概念或适应型概念并存。从“香港 2030”

到“香港 2030＋”，目前提出的战略主题专注于建设智慧、绿色和适应型城市。

目前，东九龙智慧城市发展计划（见图 2.8）广泛引用了该政策内容。该计划旨在使其成为香港第 2 个中央商务区。然而，在研究此类计划的实质内容时，我们首先可以发现一些罕见的技术创新的推广，该类技术创新通常仍处于试验阶段，因此在很大程度上受到限制。最终，智慧城市发展计划又变为传统意义上的房地产开发，受益者依然是地产商。

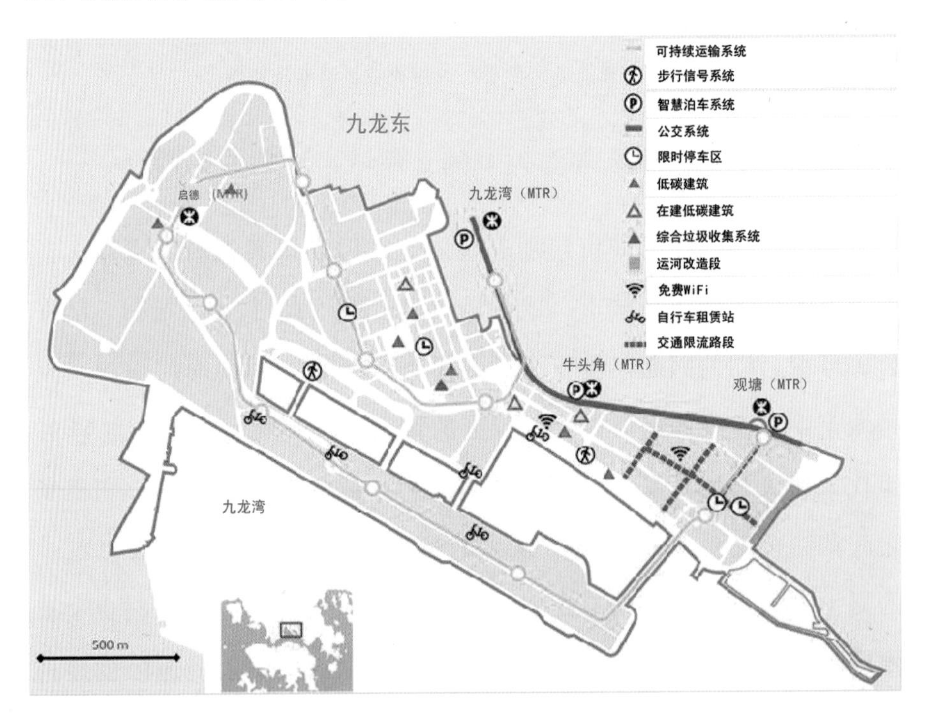

图 2.8　东九龙智慧城市发展计划的规划概念

最后，欧洲、亚洲或南美洲的智能实验似乎是部分技术动态发展的结果。从根本上说，它们都是一套整合了众多行为主体的理想型、具体型城市实验和转型过程。此类不同经验的共同点必然在于坚定地寻求可持续发展。然而，在大数据和新管理工具的支持下，数字技术的应用对于城市规划方法的制定提出了质疑。事实上，我们扪心自问，是否应回归以专家为主体、以网络和数据处理为主导的城市规划。

2.4 智慧城市表象下理性规划的回归

传统的空间规划模式与综合理性规划学说存在相关性，后者出现于20世纪初，工业革命后城市强劲增长时期。这一学说的结构很大程度上归功于开展在20世纪40年代和50年代美国新政时期芝加哥学派的工作，而第二次世界大战又加强了对经济规划的公共干预。随后，芝加哥学派提议为包括规划在内的所有公共政策制定合理的方法。从一般角度分析，理性方法是基于技术工具的使用："技术现象的第一个明显特征是合理性。考虑技术的任何方面或者将其应用于任何领域时，我们会发现自己处于一个合理流程中。"

城市规划方面，得益于综合理性规划学说的出现，该学说成为规划理论和专业实践的主导范式。

然而，该方法在战略和沟通方法的理论辩论中受到广泛质疑。即便如此，它仍然有着显著影响，尤其是在法国，综合理性规划作为规划过程的核心工具继续存在着。

在当代，随着数字技术在规划实践中的出现，我们可以提出假设：大数据的运用赋予了以专家为主体的城市规划新的活力。另外，因数字化方法所提供的机会，我们正在构建一个新的价值系统，这种方法基于四个阶段：信息收集、实时分析、显著性相关检测和现象的自动判读。

2.4.1 参与者："极客"城市规划师的背后，是工程师的回归

传统空间规划方法的基本价值观概述了大数据及其复杂算法处理的重要性。大数据基于知识和科学专长做出最佳决策。现今，通过使用数字技术处理的数据，可以对以地图表示的统计信息进行可视化和建模。

面对将要处理的复杂性数据，参与城市发展和规划的行为主体正逐步受到小型技术统治论的影响。这完全符合传统模式，该模式只涉及决策者和规划者之间的交互作用。因此，智能和大数据时代的城市规划本质上是专家和极客的问题，他们可以定义算法的概要和目标。从这个角度来看，正如安托万·鲁弗鲁瓦（Antoinne Rouvroy）和托马斯·伯恩斯（Thomas Berns）所述，数据挖掘的使用不再局限于任何惯例中。通过自主学习机制，我们可以直接且自动地从数据中做出假设。客观性似乎比较绝对，因此，标准大概直接源于现实。由此可知，数字技术的强相关性不言自明。虽然理想是服务于"公共利益"的，但统计过程的复杂性导致了一种极其官僚的规划风格，其中管理是通过数字技术实施的。然而，这种算法并不构成公共空间。事实上，"算法政策不再关注个体，而是关注关系"。

在此动态中，规划师可能发挥核心作用，而这很大程度上取决于其技术能力，这种能力远远超出了城市发展和规划的学科领域。这一观点与专家层面相呼应，因为专家主导传统的理性规划模式。因此，智能城市规划师其实是一名数据分析师，他实践建模并利用数字化智能系统以定义城市战略。其专业知识和合法性更多依赖于科学和技术，而非地域或其居民的敏感关系。因此，我们发现了在二十世纪七十年代以前，一直主导该实践的工程师传统的一面。然而，这并不涉及其他相同的工程师。就内容方面而言，算法取代了传统土木工程或力学工具，而就形式而言，以“牛仔裤、T恤、运动鞋”为代表的着装，尤其是数字工具的出现（从必不可少的智能手机到平板电脑和智能手表），使其形象焕然一新。

2.4.2 过程与方法：城市规划走向算法治理

如同传统规划模式，大数据时代的规划也是基于科学合理的方法。事实上，在应用强大算法处理大数据的前景下，聚合、分析和统计相关性的新机会正在出现。安托万·鲁弗鲁瓦（Antoinne Rouvroy）和托马斯·伯恩斯（Thomas Berns）将其定义为“数字现实的新体制”，具体表现在“大量新型自动系统应用于远程和实时‘社交’建模”中。然而，与这种处理可能预期的客观性相去甚远的是，算法变成了“社会中最内在规范的镜子”。

理性规划的目标，始终是以全局和客观的视角将定量信息置于过程的核心，而战略制定始终从了解地域情况的重大局面开始。现今，通过数字处理，此类分析持续进行并可实时完成对该地域的了解。因此，规划者会强调所有可能的选项。传统模式采用场景法。由于大数据和计算机的处理，建模变得更简单，并且其算法是根据其设计的意图、脚本或场景来决定最佳选择。因此，只要设计出对统计数据处理的算法，模型就会模拟出对区域、城市以及规划演变过程的预测，即使这种预测并不非常科学，或者基于有疑点的数据。

因此，通过使用该算法，我们找到了当代模式的最佳版本，即优选场景，对理性方法非常有用。

> 所谓的理性决策，是指按以下方式做出决策：① 决策者考虑所有可能的选项（行动方案），即他考虑在当下情况的条件下及根据他所追求的目标而可能采取的行动；② 他确定并评估采用每一种备选方案将产生的所有后果，即预测其可能采取的每一项行动将如何改变整个形势；③ 就对他最有价值的目标而言，他选择可能的结果会更可取。

当时，作者们对该方法进行了细微调整，他们认识到这种理性模式存在一定的局限性。

> 显然，没有一种决策是完全理性的，因为任何人都不知道在任何时刻他可能面临的所有选择，也不知道任何行动可能会带来的所有后果。尽管如此，决策可能是在或多

或少了解备选方案、后果和相关目的的情况下做出，因此我们可能会将部分决策和决策过程描述为比其他决策更接近理性。

就决策过程的视角而言，智慧城市时代的城市规划可以回归自上而下的方法。事实上，数字驾驶舱的幻想将使监控所有与城市管理相关的操作成为可能。该幻想是指一个复杂系统的理念，此系统可以在一套纵向并具有分层动态的决策中进行控制：“为了消除或降低不确定性，我们依赖于无意识的‘工具’，即依赖于符号化机器，从而放弃了赋予事件意义的目标”。

算法政策不会产生或引发一个主动型、一致型、反思型统计主体以使其合法化或对其进行抵制。因此，它使规划问题（特别是决策）非政治化，并暗中破坏政策。算法政策没有更多的不确定性，因此没有必要以城市管理、规划和发展项目明显消失的视角来争论和决策。这否定了城市居民分享任何不确定性、激进主义或个人与集体解放观点的能力。

该算法管理是叶夫根尼·莫洛佐夫（Evgeny Morozov）所描述的关于“网络中心主义”的一部分。他指出硅谷试图将我们置于数字约束中，当我们以效率、透明度、确定性和完美为借口时，我们将成功地消除紧张、不透明、模糊和不完美的管理。然而，作者强调，出错和犯错的可能性都是人类自由的要素。

> 如果我们找不出摆脱硅谷心态的力量和勇气——该心态推动了当前对技术完美的追求——那么我们可能发现自己的政治主张缺乏“一切让政治值得追求”的思想。与此同时，人类失去了其基本的道德推理能力，而缺乏活力的文化机构不愿冒险，只关心其财务底线。而且最可怕的是，在一个完全受控的社会环境里，提出异议不仅不可能，甚至会不堪设想。

借助算法的力量，城市已经变得智能化，或者更确切地说是实现了自主学习。然而，此类变化对必须与数字化工具互动的城市规划者的技术技能和专业态度提出了质疑。

2.4.3 实例：智慧方法占据主导地位

传统规划模式的研究范围基于行政区划。因此，这涉及采用全局性方法规划一个城市、一个城区或某个区域的未来。如今，智慧城市规划策略中的建模和模拟也使规模化工作成为可能。这种实践借鉴了许多关于城市建造类的电子游戏，比如《模拟城市》（SimCity）游戏中里昂格兰区的城市建模，ForCity 等初创企业通过类似于电子游戏的界面为模拟城市建造提供专业的解决方案。这座城市被呈现为“一切都紧密相连的系统建筑群”，ForCity 公司则提出了“测试、演示、比较和挑战一个地域可能的未来”的口号。该服务将“人类专业知识（需求表达、流程管理、决策支持……）与复杂系统的数字建模和 3D 地域表示的先进技术”相结合。该方法基于长数据的使用，正如塞缪尔·阿贝斯曼（Samuel Arbesman）所述：

> ForCity 的方法并不完全属于大数据的一部分，从某种意义上而言，它没有让反应成为可能，而是让建设成为可能；它不是使用机器代替人类以加速其决定，而是增添机器的高效性能并使其服从于人类，使人类加深反思；它不是未来一个小时或一周的决定，而是未来一个月、未来几年、未来几十年的决定。相比于大数据的即时性，ForCity 首次将长数据应用于城市，即信息慢现象，来使其长期发展；而且，这也是首次将长数据投射至未来的举措，而不仅仅是对过去的理解。

公共研究组织，如法兰西岛区域城市规划与发展研究所，已经在整合该类解决方案，以代表地域及其环境问题，并模拟 3D 开发项目。

ORUS 初创公司甚至提议运用一种算法以帮助土地所有者、房地产专业人士和当地社区识别“土地面积、建筑潜力和可用性”。这是运用一种自动计算建设用地面积的算法来实现的，该算法是通过分析地方城市发展规划（PLU）数据、各种规定和土地所有权而得出的。根据所选择的产品（住宅、办公、体育场、企业、酒店等），它可对建筑面积进行估算。在房地产市场数据库和社会经济活动分析数据的支持下，只需简单点击一下，即可了解土地的潜力并估算其价值。ORUS 应用软件见图 2.9。

图 2.9 ORUS 应用软件

除了具备解读与房地产市场相关的城市规划法律的潜能外，运用算法来决定空间策略是无限制的，或几乎是不受限制的，不过也可能会带来许多风险，我们可以想象，通过交叉引用与筛选行为相关的数据，以确定城市管理中的资源配置（公共空间的安全和维护、设备翻新等）。

这种数据已经参与了决策。另外，政府部门运用强大的计算方法，并从为其提供更广泛范围的科学维度入手，从而会加剧社会领域的不平等。然而，非政府组织主体也可以应用类似的工具，来监测关于空间规划与管理的公共决策。

传统空间规划模式通过制定规划，专注于土地利用的法律规制。在经济强劲增长的背景环境下，它往往将这种规划集中于配置主要设施和基础设施中。现今，尽管该问题不再那么重要，却并未从规划问题中消失。基础设施项目依旧是开发建设的核心，但它们变得不再烦琐。这不再是关于建设高速公路或地铁的问题，而是关于建设智能网络的问题。因此，智能网络提供了一种可以将智能建筑、空间物体和居民行为有机联结成网络的算法。

经由控制中心和智能网络的协助，智慧城市计划的实施属于自上而下的方法框架，几乎没有留下行为主体广泛互动的空间。因此，智慧城市计划是极其静态的：它遵循算法设计的过程，而不是遵循涉及地域及其行为主体的项目过程。然而，这种数字工具可能被其他可以提出替代模式的私营主体或公众主体所利用。

2.5 小结

空间方法和统筹方法为传统规划模式的成功奠定了基础。今天，大数据的出现更新了这种以专家为主体的观点，通过可视化和建模来表达一个区域的全局视图。

就理论的角度而言，我们可以认为，对传统模式相关的批判也可以应用于智能规划方法上。该等批判分为两类。第一类，马克思主义批判，其挑战了规划本身，因为它既不支持社会主义，也不质疑资本主义，而是使自身被主导经济力量所支配。如今，这可以表现在大型私营集团或新经济形势下的初创企业中，两者面临的挑战大致相同。第二类，它与围绕大数据交互展开的研究工作相呼应，强调了公众参与规划过程的可能性，尤其是必要性。

3

“优步化”城市规划：资本的扩张

3.1　引言

在城市数字化的同时，参与城市发展的行为主体也正在发生体系性的变化。尤其令人担忧的是新经济参与者的出现。这种对旧有体系的破坏（来自拉丁文 disrumpere，意思是打破或粉碎）主要体现为，新技术工具的风行，对经济、社会甚至地区间的平衡产生了颠覆性的作用。传统的数字技术参与者是其中的一部分，但我们也必须考虑到所谓“共享”经济的参与者，如优步或爱彼迎。

因此，本章的目的是探讨城市数字化对城市规划公共机构系统

（相对于那些私人参与者来说）的影响，以及城市中资本的区域延展动态（公众参与者将是下一章的主题）。数字经济参与者会带来什么影响？共享经济对城市和规划过程有什么影响？这些经济变化是如何引起大众对公共机构规划、规范和管理城市的质疑？

为了回答这些问题，我们首先必须审视参与城市发展的私人数字技术参与者的角色，从规模最大的集团到最新的初创企业。然后，我们将看到这些新的参与者和服务的出现对规划实践领域的影响。最后，在资本扩张的背景下，通过观察这些转变对城市规划的影响，我们将提出战略规划更新的问题。

3.2 城市私有化的新阶段：从大集团化到“优步化”

3.2.1 数字技术时代的资本扩张

3.2.1.1 迈向第三次工业革命

新技术的发展类似于全球经济的深刻变化。杰里米·里夫金(Jeremy Rifkin)甚至提出了第三次工业和经济革命的设想，这场革命始于20世纪中期，并持续到今天。虽然福特主义模式正在消失，但随着新参与者的到来，新技术的发展正在影响许多行业。以煤炭和石油为基础的纵向经济特点应该被透过互联网实现更横向的逻辑所超越，并走上可持续发展的道路。

在美国经济学家看来，第三次工业革命基于五个不可分割的支柱，这些支柱应该同时发展：

(1) 向可再生能源过渡；

(2) 将各大洲的房地产改造成小型发电站，现场收集可再生能源；

(3) 通过氢或其他方式在每个建筑和整个基础设施中部署存储技术，以存储间歇性能源；

(4) 利用互联网技术，将各大洲的电网升级为智能能源散流系统，其功能类似于互联网（当数以百万计的建筑物在所在地消耗少量能源时，剩余的能源可以转售给电网，实现与邻居共享电力)；

(5) 将运输车队转变为可充电的电动汽车或燃料电池车辆，可以通过智能、州际互联电网和交互式电网购买或出售电力。

自2013年以来，杰里米·里夫金（Jeremy Rifkin）拥有了将他的理论付诸实践的机会，他为法国北加莱海峡地区制订了一版总体规划，该地区即现在的法国第三大区——上法兰西大区。转型的目的是为了持续改变这一地区的发展模式。

当这五大支柱汇集在一起时，它们形成了一个不可分割的技术平台，并将大大提高北加莱省公司和行业的生产率，创造新的商业机遇和就业机会，并使该地区成为法

> 国、欧盟甚至世界第三次工业革命的参照。第三次工业革命的基础设施将极大地提高该地区的贸易竞争力，使其远远领先于其他仍在沿用第二次工业革命的过时模式的地区。

总体规划的文本共有324页，其中规定了机构内具有指导性价值的目标和策略。判断这一方法的有效性所需的中长期参考尚不具备，特别是从2015年北加莱海峡地区合并并经历了政治变动之后。

然而，需要指出的是，这种方法受到了许多批评，特别是关于“增长”的概念。

> “工业革命”就像一个神话，它是一个普通的宣传元素，试图在生态时代适应过去的工业家时代。有关第三次工业革命的假设和所有颂扬数字资本主义的人们，仍然锁定在对技术及其影响的简单化视野中。他们忘记了反思权力关系、社会不平等和这些宏观系统运作模式的问题，以及作为技术和科技自主的问题。尽管他的分析是虚假的、简单的，但大家对里夫金（Rifkin）和他的预言赞不绝口，这并不奇怪。由于他的技术梦想，我们不再需要思考自身发展的僵局和关于自身的真正需求，只需要依靠大公司、专家和各类高科技企业家，他们将提供技术解决方案以摆脱僵局，这就足够了。

最后，无论这种经济数字化的强度和速度如何，都可以在不同的规模上观察到它，包括从较大的集团到最新的参与者。

3.2.1.2 传统大集团的数字化转型

在互联网发展之前就存在的大型私有化集团，往往会受到创新和数字技术的影响。美国摄影公司柯达的案例颇能体现这些转型的特点。事实上，在20世纪70年代末，尽管柯达公司在实验室里发明了数字摄影技术，但它却没能将其应用起来，最终被竞争对手，尤其是亚洲的竞争对手所超越。由于害怕破坏它的主要技术，也就是胶片，或者害怕改变，柯达的管理层拒绝适应全数字世界的新需求，而仍依赖于摄影胶卷。因此，由于错过了数字革命，该公司最终在2012年宣布破产。

当然，大型IT集团正在更好地利用这种数字转型。有着100多年历史的美国公司IBM走在了这些集团的前列。IBM是个人微型计算机的先驱，其开发了一个开放的系统，使其自身处于垄断地位。然而，该公司后来被其竞争对手超越，此后决定专注于服务项目。而今天，IBM通过开发所谓的“智能”解决方案，成为城市服务的领导者。同样，最初专注于网络硬件的思科公司，现在也在投资智慧城市领域。韩国松岛市备受关注的试点项目因此成为其专有技术的标杆。

此外，其他大型跨国集团也在这一领域开展业务，如德国的西门子或美国的通用电气。在法国，Orange电信因其提供多样化的产品而控制了大部分的互联网服务。同样，达索系统信息技术有限公司依靠其在航空领域的建模技能，投资于这个新市场。该集团的试点项目位于亚洲的新加坡，对该城市进行了三维建模。“虚拟新加坡”（见图 3.1）通过先进的信息建模技术为该模型注入静态和动态的城市数据和信息，可帮助新加坡公民、企业、政府和研究机构开发工具和服务以应对新加坡所面临的新型复杂挑战。

图 3.1 新加坡城市三维模型（由达索系统提供）

在 2016 年 1 月的一次采访中，智慧城市项目组负责人自信满满地展示其拥有的建模和仿真技术实力，不过他们并未完全意识到这些技术可以应用到城市哪些领域。如果当地的决策者或技术人员愿意购买这些产品，他们会很乐意出售。

更具体地说，在城市的发展和管理方面，大型私营企业是一个复杂的生态系统中必不可少的角色。在法国，权力下放使地方政府受益，这导致了大型建筑公司和网络服务公司的崛起。这些大型集团都参与了对这些领域的战略规划和新服务的提供。因此，布伊格能源公司（Bouygues Energies & Services）致力于智能城市的发展，并被定位为旨在打造“可持续、互联和智慧城市”的长期合作“全球项目运营商”。同样，芬奇（Vinci）集团及其智库“城市工厂”提出“现在创造未来城市”，并捍卫“向智慧城市转型”的理念。最后，威立雅将自己定位为智慧城市的推动者，为市民服务。

> 从历史上看，威立雅在城市地区努力工作，在控制室中操作设备，为城市提供各种服务。今天，我们进入了键盘和互联网的阶段，在这里，每个用户、每个居民带着他/她的智能手机，成为智慧城市服务的参与者。例如，他/她拍摄了一张他们街道上障碍物的照片，发送给我们，我们就能立即将其挪走。除了纯粹的技术方面，这主要涉及推动城市经济增长以及社会发展的新动力。

因此，数字技术似乎是一种技术演进，大多数行业正在积极进行数字技术整合，并利用数字技术开拓新的市场。在此意义上，智慧城市是数字技术应用于城市的必然结果，作为资本扩张的新领域，数字技术会应用于城市发展的脉络中。此外，数字技术也是社会新群体的起源因素。以它为业务的核心，这些集团将城市作为其潜在的市场之一。

3.2.2 GAFA：互联网巨头

互联网的发展作为经济的重要组成部分，其发展反映在不同的增长周期和经济重组中。今天，数字化市场的特点是集团的整体规模优势，利用确立的主导地位，集团有条件成为大规模的经济体。这些巨头通常以 GAFA 的缩写形式出现，它指的是四个硬件设备和软件服务的互联网集团：谷歌、苹果、脸书和亚马逊。这个名单有时会被扩展，包括微软、雅虎、推特或领英等其他美国公司。

“巨头”一词也代表了这些公司通过不断地更新终端、操作系统和应用程序来革新数字世界（硬件和软件）的能力，他们通过创新和不断变化应用场景，来更新和扩展发展模式。亚马逊仍然在卖书，但同时也提供电子书等产品以满足数字化读者的偏好。脸书已经成为一种即时通信服务平台，存储了超过 1400 亿张照片。

关于互联网巨头，应该特别注意加州山景城的巨头——谷歌。拉里·佩奇（Larry Page）和谢尔盖·布林（Sergey Brin）于 1998 年创立了谷歌，他们开发了一款旨在方便用户在海量信息中搜索所需信息的通用搜索引擎。为此，谷歌创建了网站对比分析的算法，并提供了比竞争对手安全快速得多的产品体验。谷歌迅速崛起，并在谷歌公司新创建的集团母公司“伞型公司”（Alphabet）的保护下开始了多元化发展。这家公司渴望涉足生活中的每个角落：电子邮件（Gmail）、博客（Blogspot，然后是 Blogger）、照片存储（Picasa，然后是 Google Photos）、社交网络（Google +）、浏览器（Chrome）、视频（YouTube）、即时通信（Hangouts）、翻译（Google Translate）、云存储（Google Drive）、地图（Google Maps 和 Google Earth）、操作系统（Android）、手机（Nexus）、电脑

(Chromebook)，以及即将到来的拓展现实眼镜或自动驾驶汽车等。这个清单很长，而且仍然在增加，这有助于说明数字技术在日常生活中的多样化和应用范围。

包罗万象的谷歌公司也在城市公共空间领域扩展业务。位于纽约市的“联网项目”(Link Project) 应运而生，到2025年，该计划将提供7500座具有光纤网络的新式网络电话亭（截至2017年已经安装了800个，见图3.2)，提供的服务将取代传统的电话亭，该项目是为近四分之一居家没有网络连接的城市人口提供网络服务。所有的服务对用户来说都是免费的，因为它的部分资金来自终端两侧的两个广告屏幕。该模式几十年前就被德高集团应用到巴黎的公交候车亭上，现在网络电话亭也开始向这种功能化和公益化发展。除了广告收入，谷歌的主要兴趣是更系统地收集新的数据，以便将其货币化。纽约市预计将在未来12年内获得5亿美元的广告收入，但谷歌公司更强调网络的免费服务。这是缩小数字鸿沟的机会，但却忽视了城市空间的私密性和对公民的监控问题。互联网的口号——“如果一个产品是免费的，那么你就是产品本身”，阐明了这个项目的利害关系。

2015年，谷歌宣布营业额超过750亿美元，利润为230亿美元，流动资金为730亿美元，市值约为6500亿美元。总的来说，互联网巨头的价值超过了巴黎CAC40指数中40家市值最高的法国公司的总和，其累计营业额相当于丹麦的GDP，在世界排名第35位。然而，这些巨头通过税收优化系统来免缴大部分美国和欧洲公司所需缴纳的税额（现代避税方式，将公司注册在所谓的避税天堂)。就谷歌而言，其欧洲、中东和非洲的分公司都由一家在百慕大注册

图 3.2 纽约“联网项目”终端

的公司运营。而为了逃避美国财政部对公司从国外汇回的利润征收高达 35%的税款，这家跨国公司将利润留在了巴哈马。得益于该策略，谷歌公司 2014 年度在法国仅仅缴纳了五百多万欧元的企业所得税。根据在法国实际创造的价值，税务机关的目标是将税收调整至 10 亿欧元并尽快落地实施。

这种克服体制和政治限制的愿望也可以在空间规划的世界里表现出来。因此，“伞型公司”正在开发一个项目，通过创建一个微观国家，解除税收和移民等方面的限制，并据此制订地方规划，从而反思城市规划的各项标准。

> 从头开始创建一个城市，这个城市可以帮助公司重新思考治理、社会政策和基于数据的管理。从互联网上创建一个城市的想法是很诱人的。目前的城市是复杂的，其中有对利益、政策、物理空间负责的人……但最终，技术不可阻挡。

谷歌将首先扩大其位于硅谷山景城的园区，目的是使其成为一个完全成熟的城市（见图 3.3）。

图 3.3　谷歌城

谷歌的这些尝试具有乌托邦城市的悠久传统，这些城市不一定会出现，如迪士尼公司的未来城（EPCOT）项目，但它启发了“佛罗里达庆典”社区项目（Celebration in Florida）的发展。最近，脸书开发了旧金山“脸书城”（Zee-Town）项目（见图 3.4），由建筑师弗兰克·盖里（Frank Gehry）设计。数字科技媒体巨头们掀起了一场价值 2000 亿美元的运动，该运动很可能会更新产生于 19 世纪的监护式产业管理标准以适应数字时代。

图 3.4 脸书开发的 Zee -Town 项目

在美国之外，我们可以看到一些类似的项目。在中国杭州，阿里巴巴电子商务集团正计划开发一个中国硅谷——梦想小镇项目，也被称为互联网村。在 2015 年它开放了第一批建筑群，并且已经容纳了数十家参与实现这一梦想的初创企业。

数字经济正在迅速变化。新一代的企业家加入了互联网巨头，他们通过开发平台及市场恢复共享文化，来推动自己的发展。

3.2.3 共享经济的发展

近年来，人们对环境问题的关注度提升，共享与协作的愿望日益高涨，这同时也转化为对更负责任的消费的渴望。更务实地说，这也是应对经济危机的对策。具体来说，一个强大的数字锚定技术，可以帮助建立交换和共享平台并使其能够大规模发展。

3.2.3.1 共享和私有化时代的公共服务

自助出行曾出现在社交世界中，如阿姆斯特丹，或被市政当局接管，如 1976 年的法国拉罗谢尔。大型私人团体的到来改变了这种状况。2005 年，里昂启动了里昂公共自行车系统（Vélo′v）项目，这是世界街道设施的领导者——德高公司提供的第一个自助自行车服务（4000 辆自行车和 300 个站点）。两年后，巴黎也推出了巴黎公共自行车出租系统（Vélib′）服务，该系统的 20600 辆自行车分布在 1451 个站点。这些服务在用户中很受欢迎，但它们很难找到自己的经济模式，每辆自行车的成本比预期的要高一倍。在巴黎，每辆公共出租自行车每年对社区而言的成本约为 4000 欧元。

继自行车系统之后，巴黎 2011 推出了汽车共享服务——巴黎电动汽车租赁公共服务项目（Autolib′），由硕达公司（Bolloré）提供 3000 辆汽车，分布在 1200 个站点（见图 3.5）。通过这些新的服务，巴黎正在把自己打造成“自助出行”之都。创新的背后是一场新的私有化运动。一方面，它指的是城市的发展，带来已有公共服务管理模式的增加。另一方面，这也涉及对公共空间的占用。最后，马克西姆·于尔（Maxime Huré）指出，这些新参与者的到来，引起了对公共服务概念的质疑，公共当局的角色发生了转变。

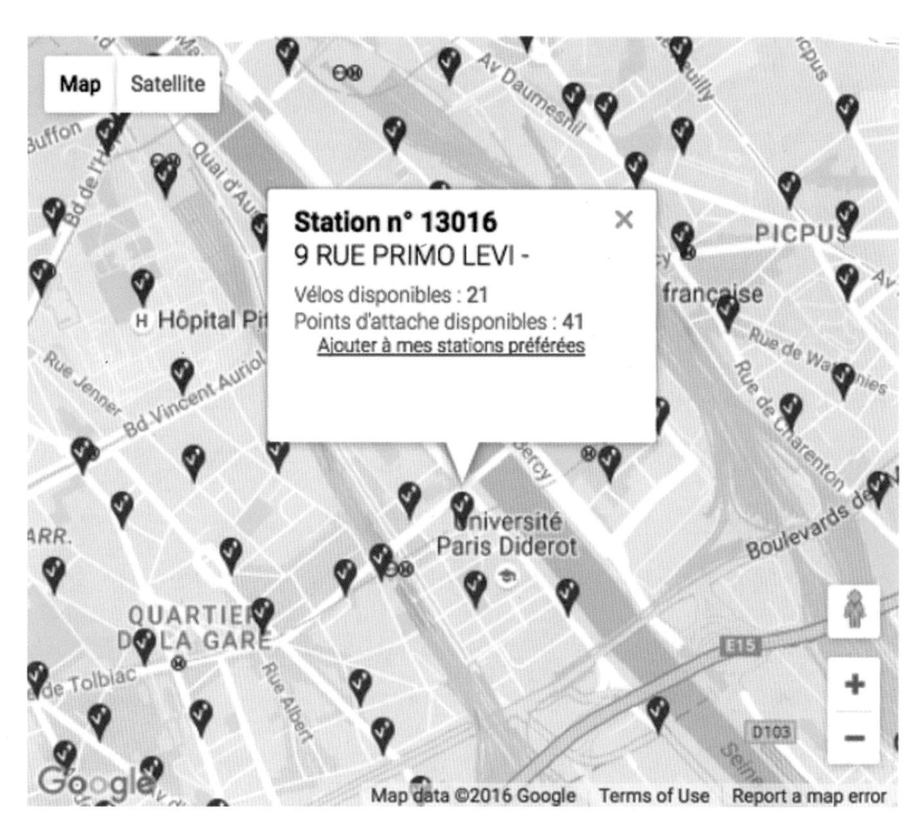

图 3.5　巴黎公共自行车出租系统站点地图（巴黎 12 区和 13 区）

它们现在的行动不再关注服务的管理，而是关注合同协议的法律控制和对公司服务的评估：公共机构作为城市空间的监管者，越来越被认为是一个巨大市场。最后，公共机构的行动现在正围绕着两类参与者重新聚焦：个性化公共服务的消费者和大型私营集团。如今的挑战是其他城市是否有能力使交通系统适应其社会需求和地域现实。否则，城市在自助服务方面的胜利可能会与市场的胜利和城市之间服务质量的不平等发展相混淆。

中国也出现了这种趋势，不同的运营商通过数字应用提供共享单车服务。与巴黎的服务不同，这里没有站点，但有成千上万的自行车停放在公共空间。用户可以通过扫描自行车上的二维码来解锁，价格为每 30 分钟 0.5 元。这个市场上有 30 多家初创企业，它们通常得到腾讯或阿里巴巴等大型数字科技集团的支持。规模最大的摩拜单车在 2016 年春季于上海推出了其第一批自行车。它在 100 座城市拥有 500 多万辆自行车和 1 亿多用户。自 2016 年 4 月以来，摩拜单车用户已经行驶了 25 亿千米，相当于一整年里减少了 17 万辆汽车的排放量。

在全国范围内，2016 年底的用户估计为 1600 万，2017 年为 5000 万。但这种增长造成了一些问题，比如自行车高度集中在某些地方。因此，在地铁站门口发现几百辆自行车的情况并不少见。中国交通部正在制定一项法规，要求地方政府在铁路和地铁站、购物中心以及办公大楼附近设立停车区。同时设立禁止自行车停放的区域，并禁止 12 岁以下的儿童骑行。

3.2.3.2 NATU 时代的城市

共享经济不仅被大型城市服务集团所占有，而且还导致了新参与者的出现。因此，加入互联网巨头的还有 NATU，即网飞（Netflix）、爱彼迎（Airbnb）、特斯拉（Tesla）和优步（Uber），它们利用数字转型的优势，将自己确立为城市发展的关键角色。

它们依靠的经济模式与之前介绍的大集团不同。商业行为不再发生在个人和公司之间，而是通过一个平台直接发生在两个个体之间。这些新参与者的独创性在于，除了平台基础设施和有价值的算法管理外，价值的创造不再需要资本投入，更不需要大量投资。

优步是最好的例证之一。这个数字平台于 2009 年在旧金山成立，它将寻求移动服务的客户与拥有车辆并承诺遵守相应规则的司机联系起来。该应用程序（见图 3.6）使人们订到需要的车辆，实时掌握已订车辆的行动轨迹并直接通过程序付款，服务结束后还可以评价司机的服务。

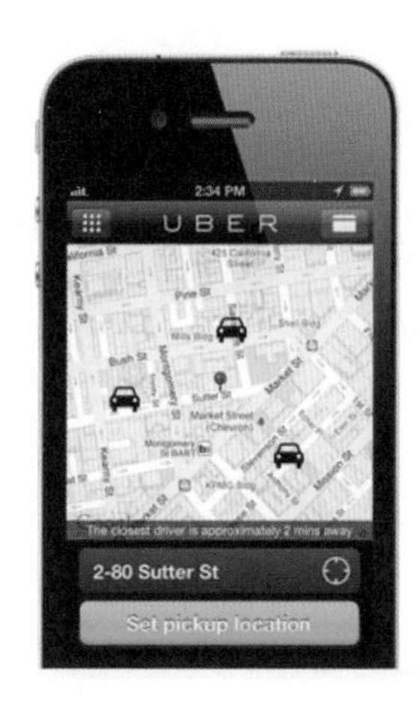

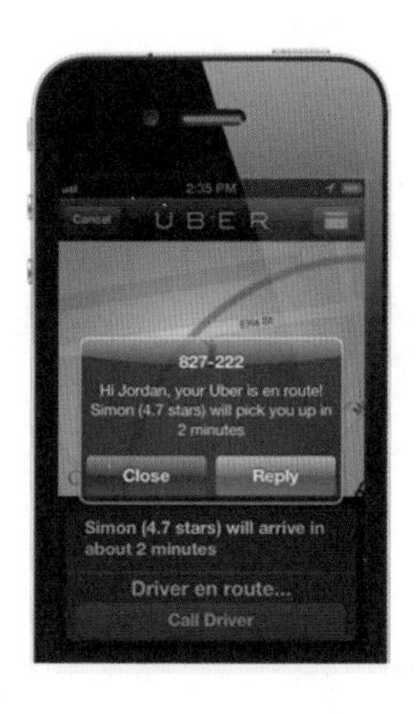

图 3.6 Uber App

几乎每个经济的组成部分（见图 3.7）都受到这场革命的影响。因此，通常被称为“优步化”的东西都是一种重大的“扰乱”。

2015 年，在一份题为《优步化，共享或死亡?!》（Uberization, Partager ou Mourir!?）的法国研究报告中指出，德勤集团（Deloitte Group）估计该市场规模为 260 亿美元，并且指出该市场在未来 3 年内将发展为 1000 亿美元。

因此，优步化被定义为以下七个特征。

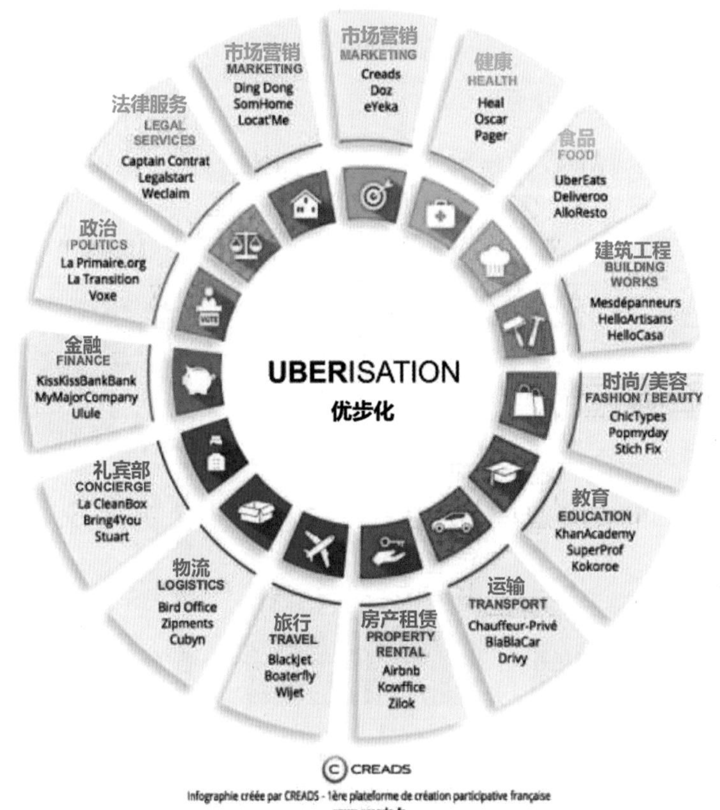

图 3.7 “共享”经济的新行动者和服务

(1) 颠覆：传统模式受到质疑，大公司受到个人的威胁，他们在创纪录的时间内扰乱了市场，即“70 亿 CEO”。

(2) 使用：对某一特定商品或服务的使用比对同一商品或服务的拥有更占优势。

(3) 创新：通过用户体验（UX），为我们的日常和更好的生活带来不同视角的新方法。

(4) 交换：将寻找产品/服务的人与有产品/服务的人联系起来。这种交换可以采取物物交换、共享交换、出售交换或租赁交换的形式。

(5) 数字：这种交换由数字平台支持，如互联网、手机、平板电脑、支付系统等。

(6) 相互依赖：以消费者为中心，中间商的数量减少到最低限度。

(7) 动态：根据供需情况实时调整价格。在用户希望的时间和地点按需获得产品/服务。

NATU 的出现并非没有问题。因此，对于这些新的参与者的性质存在争论，引用邦雅曼·科里亚（Benjamin Coriat）或洛朗·拉纳（Laurent Lasne）所言，许多人质疑这些新经济类型并不真正属于“共享”或“创造”的经济，而是提出了“掠夺”经济的概念。NATU 经常利用支付租金，来挑战老牌公司和集团的地位，从而扰乱了现有经济平衡。因此，新经济活动的创新行为伴随着工作的挫败，或者说工作的改变，这里主要指将雇员转化为自主创业者。这些变化有好处也有坏处。关于优势，有以前不曾使用的资源营销，以及根据自己的需求、以自己的节奏工作的可能性，有时则是为了额外的收入，就像大多数爱彼迎的产品，主要由住宅构成。关于缺点，我们可以看到工作的碎片化，以及打工人之间要相互竞争，才能获得使用“共同利益”平台服务的权利，而算法的控制权始终由平台公司掌握。

最后，这种数字劳动导致不稳定性增加，风险转移到自负盈亏的打工者身上，就像优步司机一样。不过很多优步司机希望成为有固定职位的雇员。因此，优步化带来了一些恐惧，正如阳狮集团主席莫里斯·莱维（Maurice Lévy）所指出的，“每个人都害怕被优步化，害怕某天早上醒来发现他们的传统业务已经消失了”。这些对这种新经济模式后果的恐惧，也存在于城市规划和管理方面。

3.3 地域对公众参与者和城市管理的影响

当爱彼迎在巴黎成立时，当地产生的利润被转移到了爱尔兰；在优步的例子中，利润被转移到了荷兰。价值创造对当地环境产生了非预期的影响。这种情况强调需要更好的监管，甚至是替代的共享模式。

3.3.1 巴黎，爱彼迎的世界之都

美国私人公寓租赁平台由乔·杰比亚（Joe Gebbia）和布莱恩·切斯基（Brian Chesky）于2008年在旧金山创建。他们首先想到的是把闲置的房间改造成卧室和享受早午餐的客厅，以补充他们的收入，后来决定把它变成一个交易平台。短期租赁并不是一个新的想法，但爱彼迎的概念承诺客户像“本地人”一样生活

（正如法国网站上的口号"Bienvenue à là maison"（欢迎回家）所暗示的那样）在特定的地点（见图 3.8），而且价格往往比传统酒店便宜。

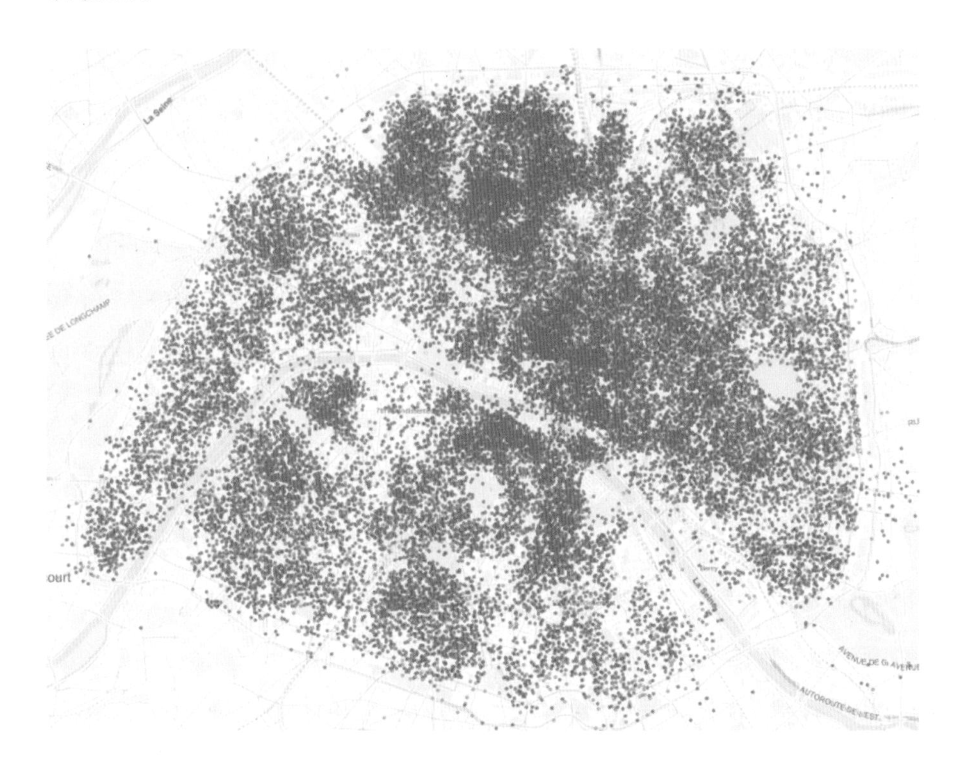

图 3.8 巴黎爱彼迎平台上的住宿地点

这家初创公司于 2012 年在巴黎成立，在不到 3 年的时间里，法国首都巴黎成为该公司在世界上首选目的地，平台上大约有 5 万套公寓可供出租。为了更深刻理解这一现象，有必要将这一数字与首都的 8 万个酒店房间进行比较。在一些中心城区，确实存在着不平衡的风险。事实上，在 2014 年夏天，马莱区（第三和第四区）有 66320 人通过爱彼迎租房，这比居民人数还多（根据法国国家统计局（INSEE），2012 年有 64795 名居民）。同样，在 2017 年夏天，有 517821 人通过这一平台在巴黎住宿。

爱彼迎平台上供应房屋的大量出现带来了两类问题。首先是公共机构的税收损失。在国家层面，法国是爱彼迎的第二大市场，每年有 40 万个广告和 1.3 亿欧元的收入。然而，一项税收计划允许其申报的利润只有 166373 欧元，因此，2016 年的税收只有 92944 欧元。至于市政府，在征收旅游税（每人每夜 0.83 欧元）方面的利害关系是不同的。在建立平台时，业主必须在向市政当局支付税款之前，自己先向租客代收税款。事实上，很少有业主真正这样做。经过市政府和这家美国公司的谈判，自 2015 年 10 月起，旅游税将自动收取，每年将增加五百万欧元的税收。

第二个问题更为复杂，指的是爱彼迎对房地产市场的影响，并最终影响到市政府在这一领域制定有效公共政策的能力。该条例规定，任何提供出租的度假屋都需要授权，改变身份成为“旅游酒店”，这需要获得商业租赁的资格（按每平方米 1000 至 2000 欧元计算）。只有每年租赁时间少于 4 个月的主要住宅，不受此规定影响。因此，巴黎市长试图避免将玛莱（Marais）区变成一个新的“Barceloneta”——这个名字是巴塞罗那的一个交给爱彼迎临时租赁的中心区的名字——采取了许多控制行动去识别非法出租。当业主从来没有住在这些房子里的时候（巴黎 20%的房子是由多个业主提供的，某个叫法比安（Fabien）的业主甚至保持着提供了 143 套房子的记录），业主们被要求将他们的公寓纳入租赁库存，否则将支付高达 25000 欧元的罚款。

对于巴黎市长来说，面临的挑战是如何避免在某种程度上使公共住房政策的实施复杂化，而公共住房政策已经面临着房价的持续上涨和中产阶级化的影响。在2011年的一项研究中，当爱彼迎现象尚未在法国建立起来时，巴黎城市规划工作室（APUR）已经统计了300个网站，提供了大约2万个带家具的出租房。该机构解释如下。

> 这已经是一个城市层面上的现实问题。受这一现象影响的住宅在某种程度上被“征收”了主要的住宅存量，这有助于全年为巴黎的家庭提供住房。但在巴黎大都市的中心却缺乏住宿。另一个挑战是，征收的税收可能会导致价格和租金的增加。如果不采取任何措施，城市问题仍然存在，甚至可能在未来几年恶化。事实上，收费水平以及连接房主和租户的框架的巨大灵活性（相对于1989年法律规定的定义房主和租户之间关系的框架）是鼓励房主倾向于短期带家具的租赁而非其他形式租赁（空的或带家具的一年期租赁）的两个因素。

在巴黎，和其他地方一样，地方当局没有太多的回旋余地。爱彼迎的策略总是一样的。这涉及在一个城市的立足问题，即使这意味着将房东置于非法的境地。可一旦服务变得不可或缺，当局就会改变现行的立法。因此，我们看到的问题的对策不是简单地禁止平台，而是制订监管和限制机制。监管包括确保征收旅游税，如在巴黎，有时还会增加税收，如在芝加哥。然后，有可能要求注册特定的登记册，如2017年以来的巴黎，甚至要求收取这种登记的特定费用，如在旧金山。此外，为了限制平台与酒店的竞争，经常要求不超过总租期（2017年以来巴黎是4个月，然后是2个月，旧金山是3个月），规定最低期限（纽约是1个月，巴塞罗那是3个月），规定最低客人数量（如阿姆斯特丹），或禁止出租整个公寓（如柏林）。

3.3.2 规划的合理性受到共享经济的挑战

这种数字破坏的出现是对负责城市规划和管理的地方当局的合理性的挑战。有了消费者的需求量，和当地如优步司机等共享经济从业人员对工作的需求，这些新兴公司完全可以挑战既有的规则。因此，在旧金山，靠近硅谷的区域给市政府带来了许多挑战。市政府和爱彼迎之间的对峙导致出现了不同的海报宣传（见图3.9），双方相互冲突的论点正面交锋。爱彼迎质疑预算选择和公共政策执行方法的相关性：

> “亲爱的旧金山税务局局长，
> 你知道那1200万美元的酒店税吗？
> 不要把它全部花在一个地方。
> 爱你的，爱彼迎。”
> “亲爱的公共工程，
> 请用1200万美元的酒店税来建造更多的自行车道。
> 爱你的，爱彼迎。”

“亲爱的教育委员会。

请用1200万美元的酒店税中的一部分来保持学校的艺术感。

爱你的，爱彼迎。”

“亲爱的公共图书馆系统，

我们希望你们用1200万美元的酒店税中的一部分来维持图书馆的晚间开放。

爱你的，爱彼迎。”

图3.9 爱彼迎在旧金山的公共管理海报

因此，这可能看起来是分享和合作思想的亮点，但似乎更是一种市场宣传。这可以比喻为自由主义公共选择方法的新化身，它提出需要削减地方机构和法规的想法，让市场来调节城市空间。

3.4 城市规划与共享经济同行

基于共享经济的新技术平台引起了对现有城市规划可实施性的质疑，其影响主要是一种制约因素，爱彼迎平台从巴黎住房市场撤出的20000套住房可能就证明了这一点。这使为弱势群体提供住宅的地方住房计划（PLH）的实施，受到了一定的限制和影响。然而，这些平台和公共服务之间也可能存在互补性。在城市交通方面，平台车辆可以作为公共交通的补充，特别是在正常运营时间以外或在人口不太密集的地区。以中国香港为例，虽然香港拥有良好的公共交通系统，但优步进行的一项研究也突显了这种互补性，30%的优步服务起始点都在香港轨道交通系统站点（MTR）附近（见图3.10）。

这种互补性的基础往往是计算出最佳组合方式的私营公司服务。然而，公共运营商也开始纳入私营公司平台的服务。因此，在达拉斯，优步、来福车（Lyft）或吉普卡（Zipcar）被纳入公共运营商的交通运营网络中，达拉斯公共服务机构认为这些平台是对经常努力提供“最后一英里”的多式联运系统的一种补充。

除了交通系统，在灾害突发时期，房屋租赁平台对提供部分社会保障用房或紧急避难场所用房方面，也有一定帮助。爱彼迎已经

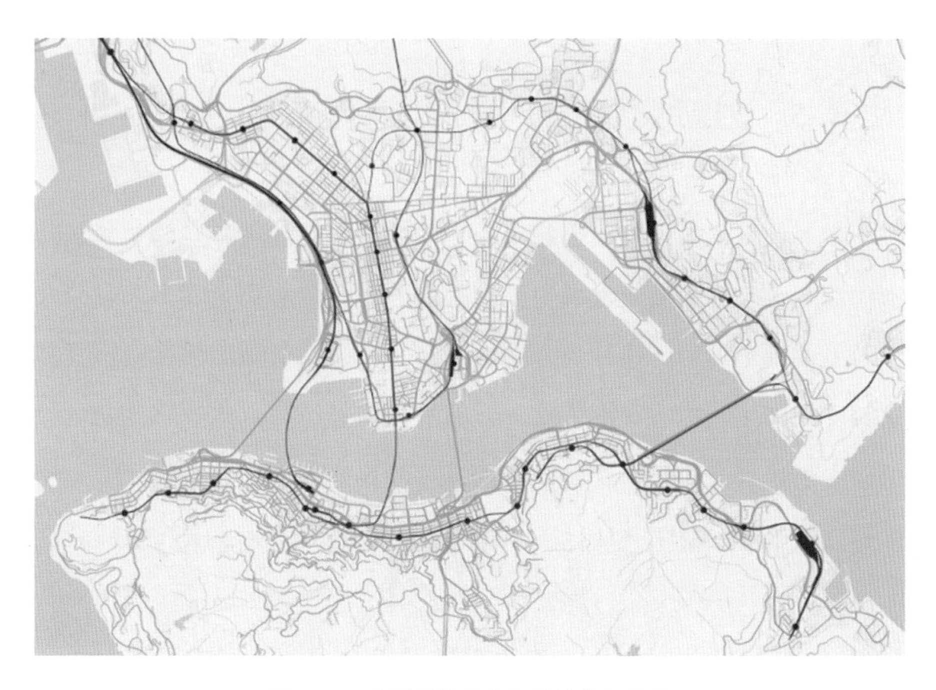

图 3.10 中国香港优步与地铁的互补性

在紧急情况下进行了实验，例如在2016年夏天路易斯安那州的洪水灾害中。但我们可以想象，公共管理机构使用平台服务也要以市场为导向，即遵循平台的非公益性经营。

最后，规划行为的发展是通过整合这些对公共政策产生影响，甚至可能成为公共服务机构合作伙伴的新技术参与者来实现。公共机构面临的挑战是保持管理目标和模式的能力，以避免在公共服务、委托的大型团体、共享经济平台和消费者或自由创业者之间陷入困境。公共管理机构所面临的危机见证了市场的胜利，以及城市之间和城市内部越来越多的不平等，因为“共享”经济并非对所有具有相同资源的地区都感兴趣。

3.5 创新表象下的战略规划更新

数字技术的发展伴随着城市中资本的扩张。各种各样的新兴私营部门参与者参加到城市发展中去，因此可能会威胁到老牌私人和公共参与者的既定地位。这种现象的出现确实对公共管理部门在城市发展过程中的作用和能力提出了质疑，因为他们必须与这些数字创新世界的新参加者打交道，尽管他们经常绕过经典的规划步骤。从这个角度来看，埃里克·萨丁（Eric Sadin）提出了“技术自由主义”的概念。

> 它不再基于对个人自由的首要地位的肯定。它事实上是强加的，不再觉得有明确要求的必要。今天它以一种标志性的方式表达在“自由主义”的创业精神中，这些创业精神释放了地球上所有的“创造性能量”并扰乱了生活。它不再是以一种边缘化的形式捍卫一种肆无忌惮的经济自由主义。它在必要时从公共补贴中获益，并且知道如何通过学术性的资金安排来愉快地执行税收规定。
>
> 不，它由算法系统建立起一个调节事物发展进程的，一个完全自动化的世界，并释放出几乎无限的利润空间。这就是技术自由主义的奇异之处，它逐步消解了经济和政治的所有历史基础，而支持一个被认为优越的“计算性存在”。它的新经济精神打破了每一个完整的原则，并打算依赖于生活，与它融为一体，并利用我们的每一次呼吸。

“技术自由主义”最初构成了对理性规划方法的批判。因此，在质疑福利国家和新保守主义的背景下，公共行为通过技术自由主义找到了概念上的更新，并从二十世纪八十年代开始逐渐在实践中确立自己的地位。随后，公共部门也遵循这一合理化目标，在公共事务的规划和管理方面实现了更高的效率。

今天，随着数字经济的发展，这种战略方法焕发出新的活力。我们可以观察到的趋势是后战略模式出现后的变化。

3.5.1 参与者：初创企业背后，是对规划师的挑战

个体参与者在空间的规划和管理中一直发挥着特殊的作用。新的个体参与者通过数字技术加入进来并不是一种破坏，而是新自由化进程的加速，表现为对私有财产和创业自由的肯定。因此，公共机构的作用可能会改变，包括对社会关系和生活方式的影响。

因此，新的私人数字参与者参与了这个新自由主义框架的更新和增强。以跨国逻辑常见的部分——大型团体或所谓的共享平台的形式，私营部门得以扩大对城市的影响。与二十世纪八十年代私营部门在私有化或公共服务委托的框架内补充或取代公共部门不同，当前的逻辑已不再相同，因为大量私营部门进入城市生态系统并对其自身提出更多挑战。此外，这些私人数字参与者不一定会寻求参与当地规划战略的制定，因为平台的运作通常包含在全球范围内的行动逻辑中。从这个意义上说，它区别于在二十世纪八十年代和二十世纪九十年代观察到的伙伴关系动态，其中私人参与者日益增长的影响力与“城市制度”或“增长联盟”的

概念相关，指定为政治和经济精英之间的接近和理解形式。然而，就谷歌纽约联网项目而言，虽然可以在当地找到盟友，但公共参与者似乎更像是大型团体的追随者。

与战略规划模式一致，这种转变使规划师的作用更加备受质疑。尽管“专家型”城市规划师的形象已经被对理性规划模式的批评所严重破坏，但数字个体参与者正在持续为这种专业立场提供额外的推动力。事实上，在理性规划时代，规划师的传统权威基于拥有的数据和专业知识。今天，私人参与者拥有在线收集的信息，除非有义务与地方管理部门共享，一般只是为己所用。而当他们不得不这样做时，他们仍然对其处理的算法保密。此外，除了这种对城市规划师技术能力的批评，私人参与者对规划师制订规划政策的能力提出了更加严峻的挑战。

3.5.2 过程和方法：去中介化到城市服务

从理论的角度来看，城市发展战略规划模式打破了传统的空间规划模式，公共行动主要是以结果为导向。因此，城市的治理正在发生变化。城市在与私人参与者合作的框架内实施城市项目，而私人参与者在城市发展和管理中发挥着更大的作用。这种对行动和结果的关注也是对公共财政危机的一种适应，在这种情况下，资源的调动和衔接成为公共行动的核心问题。公共行动者的作用不一定减少，但会发生变化。因此，在预算紧缩和严格财政管理的时期，城市公共服务往往利用自由化和放松管制的措施，进行部分私有化。

数字经济的私人参与者的出现，并不是这种私有化逻辑的加强，即私人部门取代公共部门，而是对应于私人部门的延伸，从而减少或削弱公共部门的作用。因此，这些私人参与者不一定旨在与地方当局合作，即使挑战地方管理部门的权威和相关的法律法规，也会寻求他们的经济利益。当地政府乐于接受这些具有国际活力的公司的经济创新，却也经常扭曲有关税收贡献、社会保障或既定经济地位的现有规则。因此，新参与者的到来破坏了与规划师之间的平衡。当地政治和经济精英之间的平衡被改变，这种现象导致了传统规划者的去中介化。这种去中介化破坏了公共部门进行规划的能力，因为新的参与者很难被控制。

3.5.3 实例：私人数字技术的主导地位

私人数字技术参与者不关注行政管理领域，而是响应市场空间的动态。因此，私人服务的提供，可能具有公共效用，或者更普遍地影响公共服务的提供，其主要提供非生活必需服务部分。与战略模式相关，这些新的私人参与者有助于改进对物理空间的规划方法。这有助于概念规划的项目实施或是从概念规划向情景规划转变。对城市的这种更为自由的看法，使人们面对这些地区和挑战时拥有全球视野变得不那么容易了，并且会强化新型服务地区与那些因利润前景不佳而被遗忘的地区之间的社会空间极化逻辑。然后，城市被这些数字技术的设计所主导，这些数字技术不仅在空间层面而且在社会层面定义了城市商品和服务的供给。

对于公共政策的实施，这种情况的出现带来了许多挑战。正如我们所看到的，NATU 的运营可以破坏公共政策战略的有效性，特别是在交通或住房领域。面对这些影响，相关政府部门的规划实践必须适应这种情况。第一种可能性是采取较为保守的做法，坚持现有原则，进行针锋相对的斗争。第二种可能性是采取更务实的态度，将突然出现的新参与者考虑在内。无论如何，这种影响突显了战略规划模式的另一个特点：一个持续甚至是迭代的过程。更为实际地，这涉及不断更新优先事项以达到更好的结果，而不是为遥远和不确定的视野制订计划或图表。因此，我们结合规划活动的背景，通过评估机会和约束背景下的优势和劣势（SWOT 模型），找到了这种方法的重复起点。这旨在指导实施行动以取得具体成果。

最后，这些通常具有全球经济逻辑意识的私人参与者的出现，对公共参与者是一个挑战，他们经常被绕过或干脆被忽略。因此，在这种不再是战略而是后战略的方法中，新形式的去中介化对城市发展的合理性和能力提出了挑战。

3.6 结论

近几十年来，战略视角促进了空间规划方法的更新。今天，数字经济中新的私人参与者的出现正在通过数字技术提供新服务来更新和重新定义这种方法。公共管理部门正在努力规范这一现象，但通常比较滞后。因此，这不仅仅是战略规划，可能更是一个后战略规划的问题，在这种规划中，私营部门会慢慢地扩大其权力，从而损害公共部门的利益。

在一个日益自由化的城市中，规划机构会发觉自己处于准旁观者的位置，其任务的目的不是制订城市的管理规划的策略，而是控制或试图监测和规范一个不断转变的庞大的市场。从理论的角度来看，我们可以认为，对战略模式的批评也可以指向数字经济主体的后战略实践。事实上，市场逻辑对城市发展的主导地位损害了公共管理机构和公众领域。因此，我们将在下一章中看到来自公众领域的新数字技术参与者如何参与城市发展方法的重新定义。

4

“维基化”城市规划：寻找多样化城市

4.1 引言

城市数字化，必将伴随着城市规划各方参与者的系统性变化。城市规划参与者的多元化，不仅包括私有参与方，也包括广大民众，而不管他们在社会活动中是否归属于某个团体。本章的目的，是要考察城市数字化对参与城市规划的公众参与者的影响。数字技术如何进一步激发公众参与热情？哪些比较合适、或者经过改造成为比较成熟的技术方法？这些方法的合法性如何？特别是对于提高公众参与者在城市发展方面的作用又如何呢？

要回答这些问题，首先需要回顾一下数字技术的发展情况，以及它所能提供的资源类型。其次，我们要研究一下这些资源在不同背景下的使用情况。西方国家以法国马赛市为例。最后，在公众参与日益高涨的新形式下，通过探讨互动式规划能否回归这样的问题，观察这些转变对城市规划的影响。

4.2 非政府参与者的新数字资源

4.2.1 互联网的起源

互联网的发明，最初是由军方资助、为军方服务，是向心化技术模块的组成部分，在政治方面并没有看到特别的应用前景。然而，这一发明，还要归功于美国的反文化现象，并且在个人计算机发展的推动下，成为一种重要的离心化工具。事实上，互联网应用先驱大多是嬉皮士，运用这种发明创造出不受拘束的空间，形成自己的“社区”，以实现他们的政治目的。

因此，除了技术协议之外，互联网常被看做是一种“民主革命”。合作、交流和集体创新的新模式层出不穷。互联网这一工具的构建，就是要实现协作、平等和精英管理。没有人能独自控制网络，体现出这个空间的高度自由。网络标准是以共识为基础建立起来的，并反映在伴随着数字技术的重大成就而产生的协作精神中。因此，互联网是一个互动空间，在这个空间里，每个人都可以贡献自己的技能，为共同发展提供服务，比如自由软件和知识共享许可协议等。

4.2.2 从公共空间和社会资源的扩展，到解决方案的形成

4.2.2.1 公共空间和社会资源

从应用角度来看，互联网首先是对公共空间的扩展。这是一种权利，或者说是延伸到整个社会层面的，表达能力的提高。此外，一些私人对话也整合到公共空间之中。

对于公众来说，无论是有组织的，还是自发的，互联网都提供了新的资源，使各种社会要素得以激活。要研究这种扩展，“资源激活”的概念至关重要。法国政治学家迈克尔·奥弗利（Michel Offerlé）把社会运动可以调动的资源分为三大类：第一类，数量，即调动大量人口的能力；第二类，专业知识，取决于团队成员的技能或者他们动员有经验的个人的能力，也就是说服别人的能力；第三类，诉诸负面新闻，允许谴责。因此，我们理解这些资源的可用性如何影响不同群体的行动计划。当一个群体想要占用公共空间时，“数字资源”似乎是显而易见的。“专业资源”可能是环保主义者行动的核心，他们希望质疑占主导地位的公共管理模式。最后，“负面新闻资源”是戏剧性处理手段的核心，如果没有这种媒介化，戏剧性处理手段可能表现为孤立的方法。根据迈克尔·奥弗利的资源类型划分，可以探讨互联网对社会活动家的影响。实际上，观察一下二十世纪六十年代和七十年代西方国家城市发展情况，就可以看出，各种参与和行动，在本质上，是随着数字工具的使用而变化的。

互联网连接公民，收集信息，传播口号。与传统的城市争论相比，这种2.0升级版的挑战，使得有可能在更短的时间内聚集大量民众，更加重视负面新闻，并最终揭示出通过参与过程而表现出来的专业能力。因此，互联网使社会活动层级和组织紧密程度下降，个人参与社会活动的方式增多。这种网状维度提供了一种新的视野，使集体智慧得以进一步提高和扩展。

最后，互联网似乎更容易容纳不同的城市社会运动。新型社交网络转化为公共论坛，使虚拟公共空间成为可能。此外，在空间规划和管理方面，通过这种合作空间，能够更好地创建各种不同的方案，包括共同构建的可选择方案。

4.2.2.2 城市科技破解政务体系难题

利用技术重塑公民身份，正在城市科技运动中形成，目的是要开创新型城市管理体制。

> 正如自由投资者马克·安德森（Marc Andreessen）所宣称的那样，随着软件正在吞噬世界，把我们聚集在一起的社区、城市、地方州以及国家这些公共领域，顽固地抵制着软件的进步。他解释说，城市科技是一项旨在振兴和改造我们的社会制度的运动，不同的定义提供了不同的解释。

城市科技涉及领域众多，不仅包括公众消费，还包括机构在协同消费、协同融资、社交网络、社区组织或政府数据开放等领域的拨款（见图4.1）。

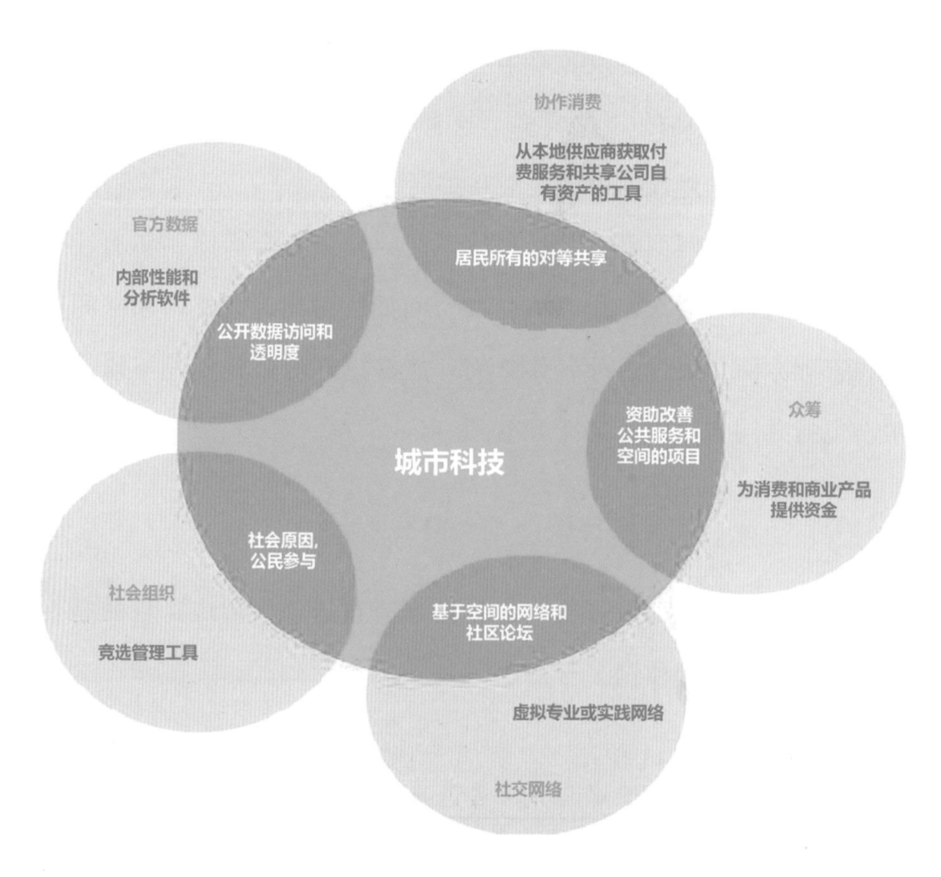

图 4.1　城市科技涉及领域

这种动态是国际性的，在各大洲都能找到这种活动家。美国是这方面的先驱，2009年成立了“美国法案”组织。它表现为一个非政治和非党派的组织，旨在从民众的角度制作计算机代码，不追求利润，只追求对公共事务的更好管理。以下是该组织的在线演示。

> 想象一下，在这个世界上，你的税收用于你引以为豪的项目，人们得到了他们需要的帮助，公众再次信任政府。我们是一家非营利组织，致力于让政府服务变得简单、有效和易于使用。我们已经与130个政府建立了合作关系。你的政府可能是下一个相关的政府。

在法国，也有一个创新生态体系，为创新者提供各种不同的平台。从某些方面来说，这一运动是由一些机构组织的，如“开放民主”，这是法国版的“开放政府伙伴关系”组织。该组织的目标包括如下。

> ——确定、建立网络和支持民主创新者。
>
> ——允许公民为自己发声，并获得行动的权利。
>
> ——展示了法国和法语国家公民和政治倡议前所未有的多样性。
>
> ——向相关部门官员和行政部门提出提高效率和合法性的工具和方法。
>
> ——测试新的治理方式。
>
> ——确保一个开放、更加透明、兼具参与性和协作性的社会。

围绕透明、协作和参与这些关键词，通过可视化方式，把这些目的总结如下（见图4.2）。

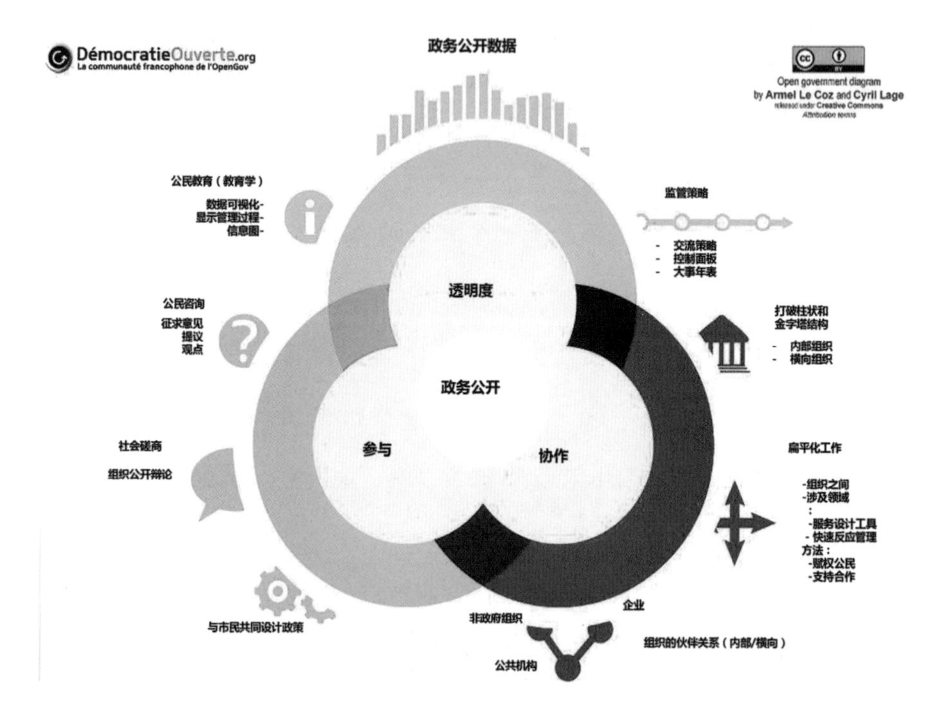

图 4.2　开放民主价值观

在这个法国生态系统中，一些倡议得以大量宣传，比较知名的如“议会和公民”“Voxe. org”等。“议会和公民”鼓励共同构建法律。“Voxe. org”提倡在选举或者集会活动中，对候选人的提案进行分析对比，鼓励民众给出自己的集会时间。阿迈勒·勒·考兹（Armel Le Coz）给出了一个法国城市数字活动家模型。在这个模型中，包括七个众创集团，最后一组涉及城市科技。更具体地说，这个生态系统图，包含在“玛迪（mardigital）”工作框架之内（见图 4.3）。

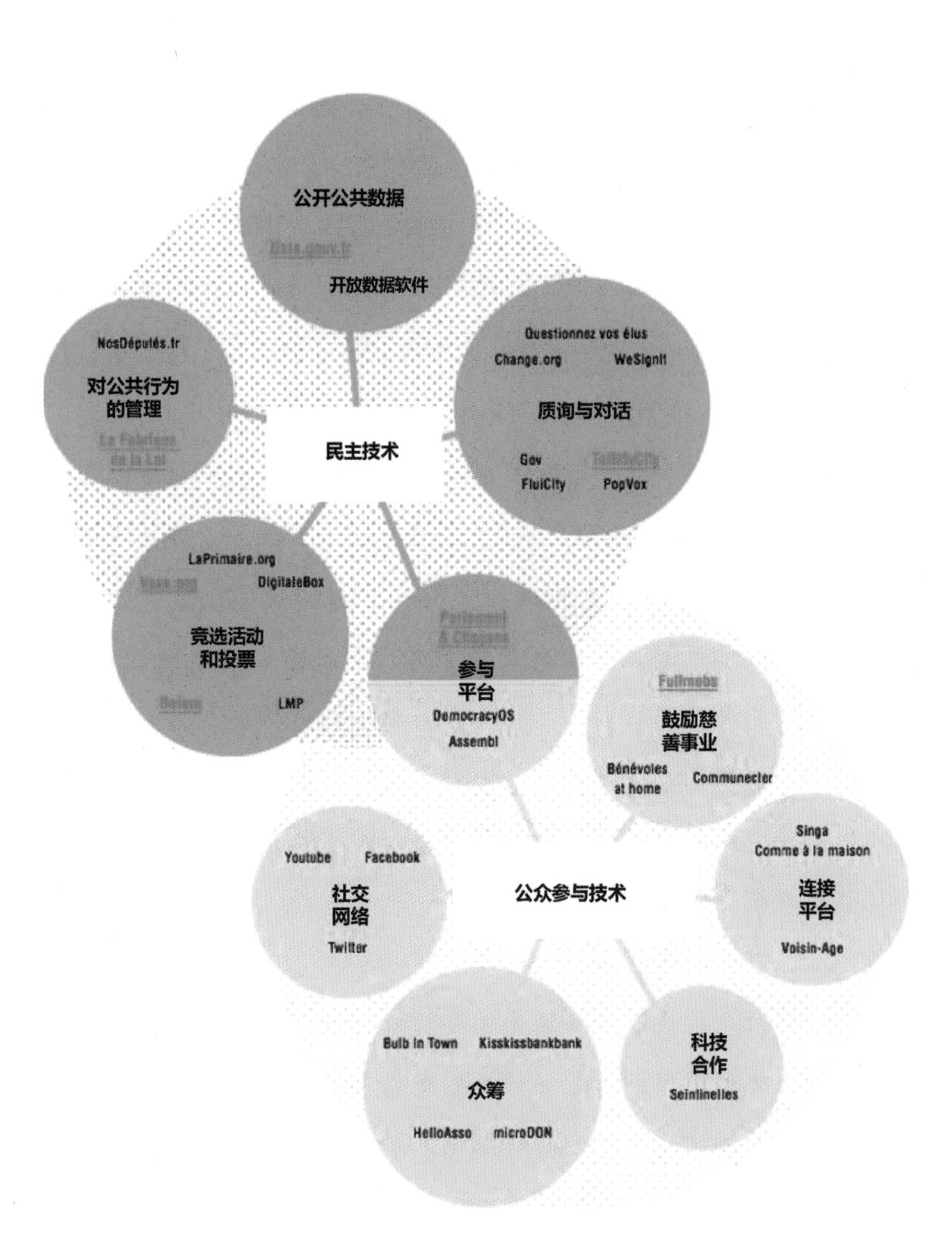

图 4.3 法国城市科技集团框架

4.2.2.3 区块链技术支持共享

各种城市科技项目通常依赖于区块链技术。这使得有可能在没有国家或私人中介的情况下，通过共享来管理数据库，从而使数据库变得公开和透明。所有的交易都以不同区块的形式输入在一个寄存器中，这些区块随着交易的进行而汇集，然后形成一个链，也就是区块链。对于在一个块中注册的每笔交易，“次级区块”利用他们的计算机工具的计算性能，来确保传输数据的有效性。他们可以扫描整个区块链和能够访问的数据，并用加密货币（如比特币）支付。由于有了这个系统，修改共享数据或伪造共享数据是不可能的。

与传统技术不同，区块链交易不通过第三方（互联网服务器、银行等）来验证和确认活动。它由多方参与者进行多方验证，这确保了更多的透明度，从某种意义上说，这些数据是分散的，所有人都可以访问。因此，它是在线交易或由公民或公共机构实施管理的集体管理系统。

> 因此，区块链不仅仅是重要的社会资产，它是一种新型社会化组织形式，是一种功能更强大的社会化：一种全球性的、直接的和数字的社会化，重塑我们的机构构成和运作方式。有些机构已经采用区块链，用流动民主制度或预测性市场取代两轮选举，重塑民主参与的新制度模式。一个年轻的政党甚至想把区块链作为真正全球公共服务的第一支持。联合国在某种程度上具有直接的泛社会性。

在不完全沉溺于技术解决方案的情况下，区块链使人们有可能设想新的分享方法，而不必诉诸第三方的权威。

4.2.3 城市中的数字化和数字化公共产品

公共产品概念并不新鲜，可以指不同的实物（最初是物质的，但后来是非物质的），如河流或森林，即必须管理和保护的资源。亚里士多德已经在这个哲学概念的基础上对城市管理模式进行了阐述。该模型在九世纪至十二世纪期间也被大量使用；瑞士阿尔卑斯山和牧场管理的案例经常被当作例证。然后，工业革命减缓了这种势头，特别是在英国，圈地运动根除了封建时期的农业公共产品。此外，共享创造了一种新的形式，但这并没有成为一种主导模式，因为工业革命带来的变革意义更加重大。

直到二十一世纪之交，这一概念才重新出现，当埃莉诺·奥斯特罗姆（Elinor Ostrom）因公共领域的杰出成就获得2009年诺贝尔奖时，这一概念也被赋予了某种神圣性。

由于数字世界提供的资源以及共享、共建和对等交换的实践，公共产品如今正在被重塑，并经常被部署。公共产品依赖于组织的社区，这些社区选择管理这些资源，而不使它们受制于产权。他们打算提出一种经济和政治的替代方案，以取代通过市场和国家建立的传统监管模式。因此，公共产品是通过使用数字技术来改变经济、社会和区划的一种新叙事形式。

4.2.3.1 开放街道地图协作地图示例

公共产品用途很多，它们通常指的是共同知识的集体建构。最重要的体验当然是开放街道地图社区的体验。该倡议始于2004年的英国，目的是创建一幅免费的世界地图。这包括提出一种替代私人运营商（例如米其林）或机构（例如IGN）地图的模式。具体来说，成千上万的投稿人已经识别了超过20亿个对象。这个平台可以像谷歌地图一样在网上免费获得。与加州那些科技巨头的产品比较表明，协作制图相当甚至更丰富，并且在大多数情况下具有更高的精度，特别是对于资本不太感兴趣的空间或者是强大的社区占有的对象。众创还能提供更好的反应速度。因此，在2010年海地地震期间，开放街道地图（OpenStreetMap）社区在不到两天的时间内就开发出了太子港的详细地图，这要归功于地震后在网上发布的卫星图像（见图4.4）。这张地图被非政府组织用来组织救援行动。

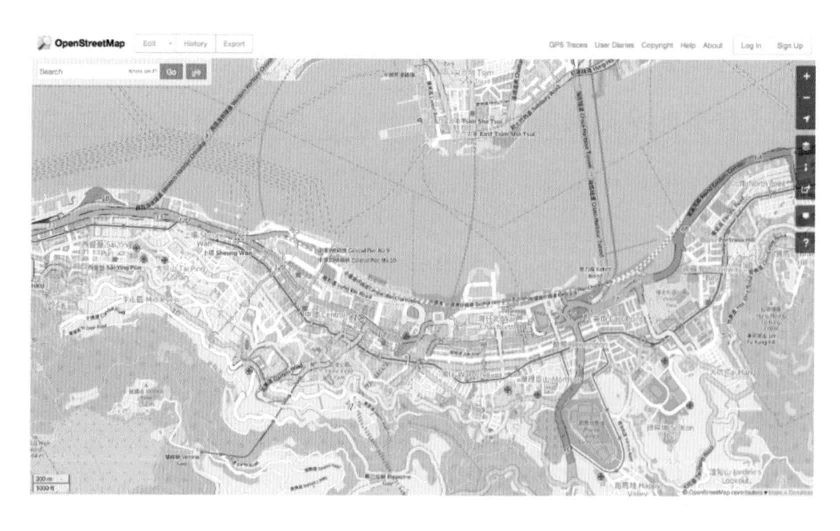

图 4.4　香港中心区开放街道地图

全球范围内许多国家已通过这一测绘平台受益。它的运作模式类似于维基百科。首先，投稿人通过创建一个账户进行注册，他们可以报告一个新奇的事物或提出修改，随后由社区验证，然后由后台数据库验证，以确保信息的正确拼写、地理位置和信息的一致性。

这种产品是一种共同财产，是公众自由投稿、协同编辑，所有人都可以自由浏览，甚至在类似于自由软件的许可证框架内进行商业使用（在数据丰富时标明来源、共享和互惠，以便为社区的发展做出贡献）。因此，与谷歌地图或“快乐猫”（Mappy）等私人地图不同，地图产生的交换价值不会被运营商私有化。许多机构了解这种做法的价值，现在正与这一运动合作，例如法国政府与国家地址数据库合作。在当地，该平台的开放促进了许多参与性地图的开发，这些地图展示了城市新的制图发展，提供了关于可变的、有时是具体的主题的本地化内容。例如，我们可以引用一张代表布雷斯特（Brest）行动不便者无障碍环境的地图。

最后，必须记住，地图是一种权力工具，可以促进专家和本土化信息之间的交流。因此，它可以成为为空间的占有和转换服务的大众产品。

4.2.3.2 协作（非商业）共享平台示例

公共产品倡导者也可以对声称属于共享经济的平台，如优步或爱彼迎，提出激烈的批评。除此之外，他们还特别关注提出基于其他协作和共享概念的替代方法，而没有更多面向市场的共享平台。

因此，特雷博·肖尔茨（Trebor Scholz）提出了合作平台的想法，这将使参与者、地方当局和消费者重新获得对大型私营数字集团的控制权。这一转变的基础在于将私人平台创造的价值转移给所有当地参与人，这些参与人以合作的形式成为平台管理的利益相关者。这种发展主要是基于算法管理的保密性的终结，这造成了本地参与人对平台的依赖性。同样，2016 年，由阿基姆·奥拉尔（Akim Oural）协调的法国国家数字技术委员会（Conseil national du numérique）的一份报告和议员帕斯卡·泰拉斯（Pascal Terrasse）的一份报告也侧重于这些问题，呼吁制定更重要的法规，以发展经济，提高就业机会。

在实施领域，一些举措有助于使这些变化更加具体，朝着更加协作和公平的模式发展。因此，拉泽罗（Laz′ooz）平台是一个替代和分散的拼车系统。同样，“本地经济”（Loconomics）是“跑腿兔”（Taskrabbit）的协作版，“跑腿兔”是邀请人们执行特定任务的双边经济服务平台。

最后，互联网为公众提供了表达、协作和生产的空间。这也会对世界各国的城市规划问题产生影响。

4.3 空间规划的 2.0 版：公众参与行动

全球范围内都可以观察到互联网的各种分配和使用情况。我们建议以马赛的规划和地方发展为例进行观察。

由于各种技术创新，民众在城市规划相关主题上表达自己的能力正在提高。因此，借助 Web 2.0 资源，他们就成了“监督者”，在网上公开辩论的背景下，对相关部门公务人员和技术人员进行监督，这会影响负责规划的公共机构的形象，有时甚至会影响公共政策的实质内容。

以下以马赛为例，通过对2013年至2014年间，观察三个不同的平台上关于城市规划的公开辩论中的网络公开数据。主要涉及反对意见或项目建议等内容。

4.3.1 在线参与度和倡议

“公益请愿”（Change.org）网站创建于2007年，被认为是美国法律意义上的“社会企业”，旨在授权任何人通过在线申请来实现他们想要的改变。该网站遍布196个国家，汇集了8000万用户。

马赛也没有缺席这场网络申请运动，在这场运动中出现了许多申请。我们挑选了（见表4.1）2013年和2014年与规划和地方发展问题相关的申请，这些申请由超过200个申请者提交。

表4.1 关于2013年和2014年马赛规划或发展的申请

请愿名称	投票	结果
不同意为David #Guetta2013年在马赛举行的音乐会拨款40万欧元	70602	成功
拯救马赛香皂经济!	21098	成功
马赛居民的健康处于危险之中!	19617	关闭
MuCEM面前没有赌场!	19501	成功
为残疾人改造马赛地铁	16810	进行中
呼吁在马赛设立真正的课外活动时间	5908	进行中
马赛盲人交通灯的音频信号!	4308	关闭

续表

请愿名称	投票	结果
周日开放马赛市政游泳池！	3207	进行中
马赛的学校食堂：更换供应商	3181	进行中
取消对欧洲骄傲组织的市政拨款	3130	失败
对 Michel Levy 公园的破坏计划和砍伐百年老树说不	2536	进行中
是的，马赛的公共交通很好	1478	成功
立即采取措施改善马赛学校的教育系统	1265	进行中
马赛市图书馆：提供优质公共服务！	1031	进行中
停止 Adim Paca 房地产项目——Vinci on Espace Corderie	973	关闭
在马赛 Belle de Mai 创建一个图书馆	918	进行中
不要给马赛（第九区）的罗伯斯庇尔广场重新命名	897	进行中
马赛足球场的新名称保留了 Velodrome 这个名称	624	进行中
停止 Sodexo 对马赛食堂的垄断——停止利益冲突——学校食堂提供100%有机和本地膳食	584	进行中
Marseille Provence Métropole（MPM）的新主席 Mr. Guy Teissier 先生应该辞职，因为他发表了一些不值得和侮辱性言论	523	进行中
马赛充满活力和运动气息的海滨大道！	489	进行中
有轨电车直达 l'Estaque，地铁直达 l'Hôpital Nord：我签字！	462	成功
取消马赛的供水和卫生公共服务代表团，重新考虑新的理由，开始新的做法。	346	进行中
Pointe Rouge/Vieux-Port/L'Estaque Batobus 的可持续性	333	进行中
为马赛人民恢复 J1：一个可以容纳当代艺术博物馆的文化场所	217	进行中

参加人最多的申请一般都涉及具有争议性的重大新闻事件。从这个意义上说，申请依靠争议性话题迅速聚集了大量民众。通过两个重要的申请可以说明这一现象。一方面，市政厅曾拨款40万欧元举办一场DJ大卫·库塔（DJ David Guetta）的音乐会，作为“2013年马赛—普罗旺斯，欧洲文化之都”庆祝活动的一部分，此举遭到谴责。这份申请收集了70602个签名，导致这位音乐家以个人名义取消了音乐会，并在没有当地社区机构和财政支持的情况下，在另一个地区组织了一场活动。另一方面，虽然关于是否在马赛建造赌场的争论由来已久，但当市议会宣布计划在靠近滨海的欧洲和地中海文明博物馆（MUCEM）的J4广场建造这样一个赌场时，一份发起组织该计划的申请在四天内收集到了19501个签名。鉴于动员的规模和扩散速度，市政当局立即重新考虑了其决定，并最终宣布放弃这一地点。除了直接反对项目的性质之外，申请还可能要求公共政策的转变或改变，例如，要求对历史遗产、公共空间或公共交通设施进行评估。

依靠数字和争议性话题，申请可以对公共政策进程产生重大影响。然而，与其他技术手段不同，申请经常表达“反对”的立场，因此是发展项目交流和集思广益比较差的平台。

4.3.2 在脸书（Facebook）上进行交流和讨论

社交网络脸书创建于2004年。它允许用户根据自己的选择将内容公之于众或进行私密交流，并交换个人消息。因此，这一网络平台的使用主要面向私人领域，为人际沟通提供数字通信支持。然而，也有（或多或少开放的）基于相互的密切程度或共同兴趣将用户聚集在一起的团体。同一团体的成员在社交网络的同一页面内交换信息并进行讨论。

因此，讨论马赛的规划和发展问题的网络空间也开辟了新的平台。2016 年 4 月 27 日，“马赛，可能的使命”页面聚集了 1666 名用户（2014 年 12 月 30 日为 1304 名用户）。该活动将自己打造为一个参与式集体，其目标是“做一切为马赛改善福祉和提升城市而能做的一切”。马赛 3013 在脸书页面上引用的是 2013 年马赛欧洲文化之都活动的图片，它声称该活动延续了当年的“提升”势头。该页面在 2017 年 10 月 7 日聚集了 3417 名用户（2014 年 12 月 12 日聚集了 1200 名用户），其呈现方式如下。

> “马赛，就我们所居住的城市来说，并没有达到我们的期望。无论在公民、经济、流动还是文化方面，它在许多方面都不符合我们的愿望。因此，我们决定从艺术的角度来考虑这个问题，而不是等待城市慢慢向理想城市发展。如果现实不能让我们满意，让我们创造自己的城市吧！这里是马赛 3013。”

实际上，这个页面更像是一个自上而下交流的网络空间，旨在告知社区实际空间中的不同项目，而不仅仅是一个公众讨论的网络论坛。

最后，我们将重点关注"聚光灯下的马赛"（Marseille *à* la loupe）团体页面（见图 4.5），该页面汇集了非常多的成员，2017 年 10 月 7 日有 20077 名互联网用户（2014 年 12 月 30 日有 5647 名）。

图 4.5　脸书上"聚光灯下的马赛"页面

该讨论区的设计师马蒂厄·格拉珀卢（Mathieu Grapeloup）建议"警惕地监督旨在进一步改善马赛市'福祉'的项目和场地的进度"。自 2012 年以来，145 个已完成、正在进行和已确认完工的项目或主管部门在其计划中承诺的项目几乎每天都受到该网站主持人的监督（见图 4.6），他们通过收集各种五花八门的信息（尤其是照片）开展了大量的基础工作。

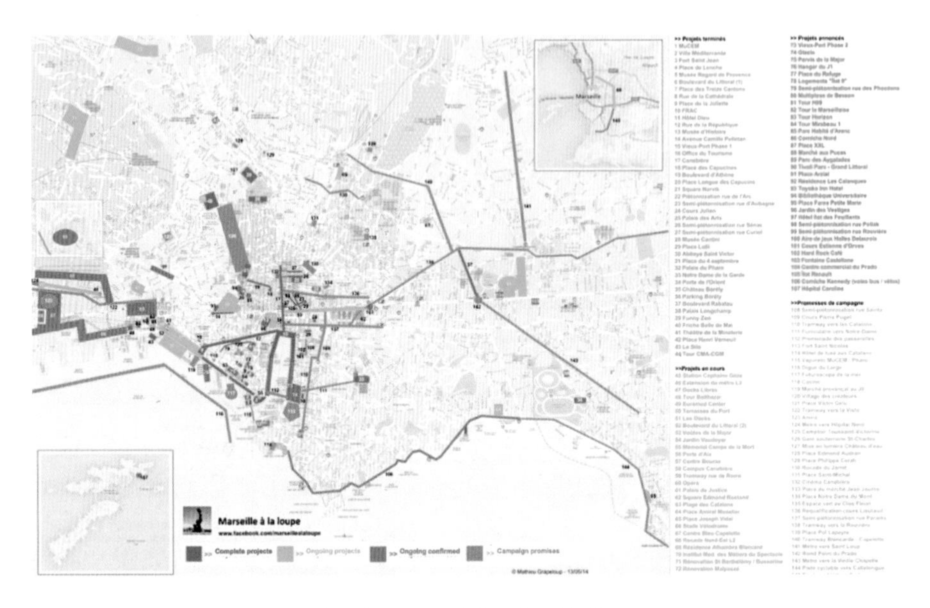

图 4.6 “聚光灯下的马赛”团体监测的 145 个项目

该网页提供了一个交流的空间，并作为讨论规划和地方发展问题的论坛。从 2014 年 7 月 4 日至 2014 年 12 月 30 日的使用数据中，可以量化这些讨论的重要性。在此网页上，每天平均有 16605 次浏览，有 6953 个活跃用户，其中 1136 人通过评论或点“赞”（支持各种发布的信息）进行互动。因此，在这六个月期间，139 条发布信息平均每一条都产生了 70 条评论、249 个“赞”和 39 次分享（在自己的“墙上”重新发布信息，并与朋友圈分享信息）。需要注意的是，某些网站或项目会产生更多的互动。排名最高的是重大项目的成就，如欧洲和地中海文明博物馆（1358 个“赞”，103 条评论和 244 次分享）或马赛玛卓大教堂（Cathédrale de la Major）及其拱顶的翻修（1579 个“赞”，117 条评论和 161 次分享），或者在另一个留言板中，申诉一些不作为的情况，例如，当城市中一些社区允许餐馆老板在自行车道上布置餐厅露天平台，并最终决定取消自行车道时（1546个“赞”，444条评论和380次分享）。“聚光灯下的马赛”团体页面的帖子示例见图4.7。

Marseille à la loupe
· 14 November 2014 ·

C'est une de ces histoires incroyables dont Marseille a le secret.

2007 : MPM aménage une piste cyclable boulevard Chave.
2008 : un commerçant y installe tranquillou sa terrasse.
2014 : MPM installe une barrière et efface le logo vélo pour officialiser la terrasse.

(l'histoire complète ici : http://tinyurl.com/lger3re)

© Collectif Vélo en Ville

754 Likes 212 Comments 377 Shares

图4.7 “聚光灯下的马赛”团体页面的帖子示例

因此，脸书网络页面空间为对共同问题感兴趣的用户提供了交流信息，并将在网络社区中提供规划方面的专业知识变成了可能。应该指出的是，在该页面创建五周年之际，马赛3013团体（也在脸书平台上）举办了一个“开胃酒”活动，将该社区的成员聚集在一起。这种演变强调了在线社交机制的复杂性，即在线表达与离线表达的混合形式。除了这个在线社区成员之间的交流功能之外，该页面还允许成员向当地主管部门反映公共空间的使用问题。

然而，该页面的成员通常对规划问题有着比较近似的看法，包括对消除社会空间不平等的敏感性或对可持续发展的渴望，例如，限制、降低机动车的作用，提升自行车等非机动车交通形式的地位。总之，这个脸书页面空间允许基于页面管理器选择的主题进行交流和对话。虽然存在争论，甚至有时很激烈，但这个页面空间并没有真正让用户在一个开放和多元化的辩论中面对其他选择。其中一项举措包括2014年1月的社会调查，从预先确定的16个项目中找出他们最喜欢的5个项目。此次咨询共动员了315名网民，其中城市与港口交界处的3个项目排名第一（见表4.2）。最后，这次社会调查的范围也非常有限。

表4.2 “聚光灯下的马赛”用户最喜爱项目的投票记录

排行榜	项目	投票
1	Vieux-Port 二期	144
2	Voûtes de la Major	129
3	Terrasses du Port	113
4	Cinema MK2 Canebière	100
5	Porte d'Aix 城市公园	90
6	Quais d'Arenc	70
7	Les Docks	68
8	Multiplex of Luc Besson	61
9	Rue de Rome 电车轨道	60

续表

排行榜	项目	投票
10	Capitaine Gèze 地铁	58
11	Stade Vélodrome	47
12	Euromed 中心	36
13	中心交易所	31
14	大清真寺	30
15	Bleu Capelette	29
16	Tivoli 公园	25

4.3.3 参与式图像（Carticipe）平台的发展建议

公众辩论也可以在推特和脸书等普通社交网络之外进行。参与式图像等专用平台有助于收集个人对一个地区开发的意见、想法和反应。这种平台是结合了学术性和生活常识性知识的混合论坛。由于在支持参与的地图和参与的地图产品之间存在矛盾关系，需要通过不同的社会技术手段来实现，这些手段对应于不同程度的开放性。

参与式图像（Carticipe）平台使得在地图上定位各种开放性提案成为可能，每个市民都可以在地图上投票支持或反对发展计划，并添加自己的方案。该平台的创建者埃里克·阿默兰（Éric Hamelin）是“定向”（Repérage）城市公司的经理，他开发该平台的目的是帮助社区通过更加开放的协商程序提高民众参与公共事务的积极性（见图 4.8）。

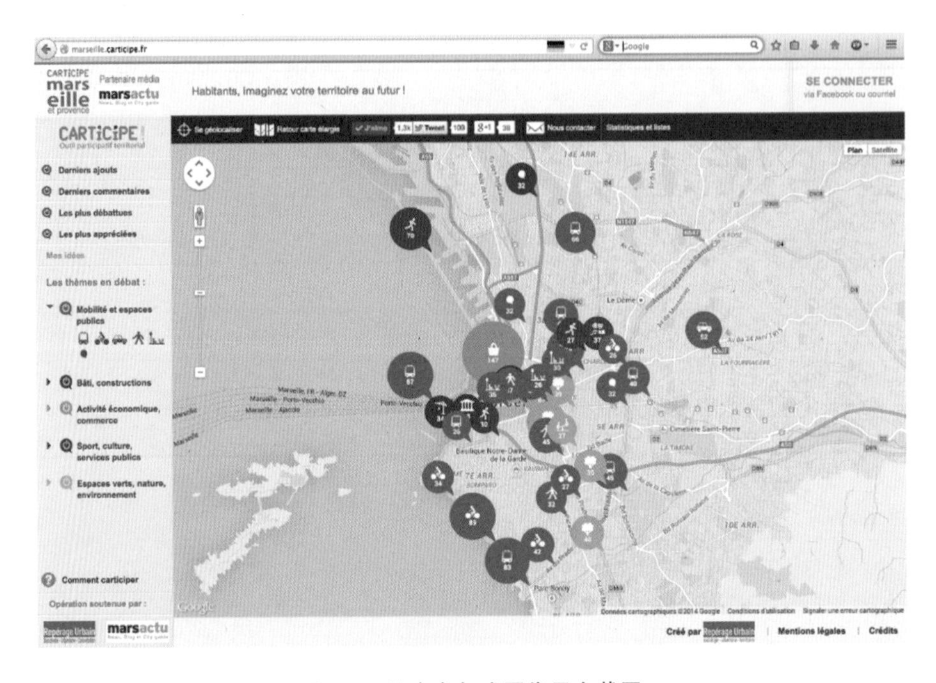

图 4.8　马赛参与式图像平台截图

“马赛和普罗旺斯参与式图像设计平台”（Carticipe Marseille and Provence）于2013年12月中旬在法国在线报纸Marscure.fr的支持下推出。一年后，该网站产生了超过37413个页面，被8000多名不同的互联网用户浏览。共有424位用户在平台注册，提出建议506条，评论1036条，投票6980票（见表4.3）。大多数用户只是投票，大约只有三分之一的用户提交了书面建议，提出至少一个想法或发表评论。仔细观察这些建议，就会发现它们具有一定的集中度。因此，主要建议集中在其中的28项提案，占总数的6%。同时，10%的用户提出了44%的建议，而35%的用户只提出了一个建议。考虑到技术手段、媒体，特别是各种机构支持的情况下，这些数据表明了平台使用的有限性。

表 4.3　马赛和普罗旺斯参与式图像设计平台情况一览表

主题	想法数量	评论数量	投票的最终结果	投票总数	反对票总数	赞成和反对的总票数	赞成票百分比	反对票百分比
流动性和公共空间	272	547	2798	3147	349	3496	90%	10%
建筑物建造	54	123	512	654	142	796	82%	18%
经济活动、贸易	29	59	304	380	76	456	83%	17%
体育、文化、公共服务	84	174	834	1002	168	1170	86%	14%
绿地、自然、环境	67	133	840	951	111	1062	90%	10%
总计/平均值	506	1036	5288	6134	846	6980	88%	12%

尽管交通、文化和体育等主题，在 2014 年地区政府换届期间占据了讨论的主导地位，但这些主题在参与式图像平台上的投稿和评论最多。每个想法大约有两条评论；88%的评论是赞成的；“建筑和施工”类是获得的赞成票最少的类别，这可以理解为房地产项目通常更具争议性。

至于投资传统参与机制的社区，在参与式图像平台框架内的公众动员似乎更为重要。与其他方法不同，用户有机会提出建议，甚至对其进行说明（见图 4.9），并通过投票进行互动，从而形成经过深思熟虑的观点。

图 4.9　马赛参与式图像平台提案的可视化示意图

这项实验很有前途，在政府、民间团体支持的使用背景下观察这一点会非常有趣。例如，在城市规划文件的修订框架内，比如格勒诺布尔（Grenoble 法国东南部城市）或里尔（Lille 法国北部城市）的地方社区城市规划实验。

4.3.4 平台发展的2.0版

通过对这三个平台的观察，获得了一个小的全景图，展示了观察和衡量关于Web2.0中基于规划数据的公众参与的可能性。这些数字平台是社会技术工具，允许不同层次的公众参与，也提供发展项目的空间化和代表性。因此，技术选择以三种不同的方式影响着当地公众参与的性质。

首先，这些技术方法的设计不仅从数量和空间的角度，而且从社会多样性的角度，对广泛受众的选择或多或少有影响。在这方面，线上投票的使用比脸书页面或参与式图像平台更开放，这对公众参与水平产生了影响。

其次，数字平台还可以组织交流。互联网用户有机会反对、表达、提议和投票，但很少有集体交流、协商甚至深思熟虑的机会。因此，参与的组织影响着行动的记录，其范围可以从赞成到建议（如脸书和参与式图像工具上的提议），也可以从冲突模式的主张到申请。当然，在在线和离线表达之间的衔接中，必须注意对这些程序和审议问题的观察。

再次，我们必须探讨这些技术工具的决策范围。一方面，需要重新审视这些平台的最初用途。因此，规划和地方发展可能只是一个衍生主题，正如在社交网络上看到的那样，它更像是一种分支而不是一种主流，特别是针对数字社交空间。另一方面，解决规划和发展的挑战可能是最初的目标，例如参与式图像平台和在线申请。因此，创建该平台的基础项目对民众的参与程度会产生影响，特别是从法律角度而言，会对公共政策的实质内容，甚至是公众活动或就业产生影响。因此，除了公众在规划过程中使用网络工具之外，重要的是要提出这些工具的制度化问题，以及在存在更明确的权力问题的背景下使用这些工具的问题（见第5章）。

4.4 在虚拟2.0环境下规划交互式更新

正如第3章所述，新数字参与者的多样性指的是个人参与者，但这也可以从公众领域的参与者中体现出来。后者在城市发展中并不新鲜，但数字技术更新了公众动员、组织和网络传播的形式。

从理论角度来看，这与规划的沟通方式有关。与战略规划类似，它也是对传统规划模式及其理性全局方法的批判。然而，这种交互方式的起源不同：它们发源于社会运动理论，并从二十世纪九十年代开始，在土地规划领域正式形成。我们必须注意到尤尔根·哈贝马斯（Jürgen Habermas）的著作对“社会沟通理性”的强大影响。该著作认为由于技术理性的发展及其在各个生活领域的全面渗透，只有通过沟通行动才有可能使人类达成新的规范。

交流方式是社会多元化发展的一部分，这为新的参与者打开了大门。这不再像战略研究方法那样主要考虑私人领域，而是要更多考虑公众并确保他们对公众事务的有效参与。

4.4.1 参与者：“黑客”形象的背后，是城市规划师的参与式回归

良好的沟通方法可以促进代表不同价值观、愿景和兴趣的不同参与者之间更好的交流来更新规划。

从美国的案例研究来看，朱迪思·英尼斯（Judith Innes）认为规划首先是由沟通来定义的：规划师大部分时间做的是交谈和互动，这种“交谈”是一种实际的、交际的行为方式。在这方面，对话和其他形式的交流可以改变参与者的情况：“规划师深入参与一个交流和互动活动的网络，以直接和间接的方式影响公共和个体的行为”。这一观察使她提出了一种新的交流规划范式。因此，规划的目标是通过众多参与者之间的良好互动达成共识。

> 在协作规划的理想中，代表不同利益的利益相关方汇聚在一起进行面对面的对话，共同制定解决共同问题的策略。参与者通过联合实况调查工作，并就问题、任务和行动达成一致。他们在一起学习并共同进步。在适当的条件下，这种对话可以产生超过各部分之和的结果。

在同样的视角下，帕齐·希利（Patsy Healey）完成了英国大城市规划的作品，然后是欧洲规划的作品。因此，她形成了这样一种观点，即规划行动者的首要任务是与其他参与者沟通。在有利于沟通的公共政策发展过程中，这一理论里程碑基于以下要素。

> ① 所有形式的知识都是社会建构的；② 知识和推理可能采取不同的形式，包括故事性陈述和主观陈述；③ 个人通过社会互动发展自己的观点；④ 人们有不同的兴趣和期望，这些兴趣和期望既是物质性的，也是社会性和象征性的；⑤ 公共政策需要利用并广泛传播从不同来源获得的广泛知识和推理。

因此，我们可以将规划视为一种面向一致性的交互交流活动，其功能是协调不同参与者之间的行为和行动计划。

如果我们考虑互联网先驱的开放甚至是自由主义维度，以及公众当前的数字实践，我们可能会发现显著的相似之处。事实上，互联网允许交流，正是通过互动，一种形式的集体智慧才有可能实现。什么是集体智慧？皮埃尔·莱维（Pierre Lévy）说："它是一种普遍分布的智能形式，不断增强，实时协调，并导致知识的有效动员。"

这种交流方式对于数字实践和使用的重要性是指互联网作为一种交流工具，处于更新公众参与方式和参与度的中心。这个观点并不是很新颖。因此，每一种新的信息技术（广播、电视、免费广播等）都要考虑其公众接触度和使公众参与现代化的能力。更准确地说，关于这些用途的效果，有两种相互冲突的理论立场。

第一种理论观点认为，互联网和数字工具对公众参与有积极影响。因此，网络的结构本身允许互动和自我展示，这为信息共享和对话创造了适当的条件。随着区块链的应用，交流形式的网状组织产生了积极的认同感和共享的多种可能性。然而，这种观点与第二种理论方法相矛盾，第二种理论方法指出这种对互联网公众参与潜力的解读是幼稚的。我们可以引用迈克尔·马戈利斯（Michael Margolis）和戴维·雷斯尼克（David Resnick）的研究结果，他们指出了系统的恢复能力。事实上，他们在参与者身上所观察到的是同样的资源不平等，优势地位的再现，甚至是地位的两极分化。

除了这种理论上的分裂，公众参与者对城市数字技术的观察呈现了一个黑客化的形象，并且将实践激进的城市规划。黑客这个词本身就有争议。

> 它指的是在二十世纪六十年代和七十年代的反技术官僚和反官僚浪潮中注册的杰出前辈，他们帮助消除了这些大型机器（首先是大型机器，然后是微型计算机）与其用户之间的距离，从而与计算机建立了更直接的关系，尤其是努力使后者向人类的意志屈服，而不是依赖于它。

这些网络自助者已经学会通过寻找漏洞来利用漏洞，从而操纵和转移最初设计的用途。这些实践很容易延伸到城市规划甚至管理领域中。

> 用计算机安全的术语来说，探索不仅仅是对系统内部漏洞的索引，而是利用漏洞规避其最初目的的能力。黑客文化在很大程度上是建立在不断寻找漏洞的基础上的。这

种不连贯，甚至是微小的活动，让发现漏洞的人能够证明计算机程序中的漏洞，并定义其可能的用途。与包含设计缺陷的计算机程序一样，民主也有其自身的缺陷，应该基于这些缺陷来加以修改或否定。黑客的形象常常让他们把自己描绘成信息机器中的沙粒或小鹅卵石：他们阻止系统全速运转，通过负面新闻的曝光来传播负面新闻，抵制国家机器的巨大运作。

因此，数字参与者正在对这座城市及其发展方式进行某种形式的黑客攻击。他们与官方城市规划师一起参与城市规划过程。他们通过提出合法性和其所依赖的知识来挑战他们。总之，黑客入侵城市首先是提出和开发一种替代模式。

4.4.2 过程与方法：迈向城市“网络民主”

公众参与人经常报告对现有管理制度的不信任程度，例如，他们指出，西方选举中的弃权率很高（超过半数的选民参加了2014年的最后一次欧洲选举登记）。基于西方政治学和哲学的各种著作，他们指出通过使用数字技术推动其他政治实践是“民主危机”存在的一个基本因素。

就当前时期而言，本报告证实了西方政治制度的五重危机：以弃权兴起为象征的参与危机；极端主义的兴起使代表危机显而易见；代理人的合法性不断受到挑战；随着

> 公民越来越多地将政治视为改变西方社会的杠杆，各种制度变得越来越晦涩难懂，同时造成了公民只能用结果来评价各种机构的工作效率。

许多参与者或团体在发言中指出了当前做法的不足，强调缺乏横向性、开放性和最终效率低下等。因此，旨在实现透明、协作和参与的开放政府伙伴关系所传达的愿景，可以视为反映当前形势的一面镜子。

最后，数字公众参与者提议重建规划实践，但在不同的背景下，公共机构不一定具有相同的地位。从这个意义上说，即使他们使用不同的轨迹，他们也只是分享了私人参与者的部分愿景，如提出一种替代当前情况的模式。

如果这一逻辑被发挥到极致，那么它就可以更接近自由意志论思想。这指的是一种社会愿景，在这种愿景中，公共机构并不是为了让企业家和民众占有和开发城市空间而监管和管理一切，而是让城市空间被市场，尤其是社区所占有。在这里，我们发现一个与互联网自由主义和自由意志论起源的联系，互联网的"自由"没有以国家作为所有社会活动动态的中心。这种通过区块链技术实现的自我组织和自我监管的网络空间的愿景，符合皮埃尔·莱维（Pierre Lévy）以"网络民主"为名提出的新型社会理想。该理想由一个全球范围的"透明国家"组成，集体智慧处于公众参与机制的核心。

> 在全球网络民主中，我们将在文献和事实永远不会超越超文本链接的背景下讨论法律的含义和演变情况。对于每一个问题，立场和论点都将在多个虚拟论坛中重新分配，就像一个巨大的大脑照亮这里和那里的神经元集合。通过电子投票决定一项权利，这项权利被认为是一种永远开放的集体学习的临时形式。

这种提议降低城市公共机构的作用，但这种使其“透明”的方法并不是全新的论调。因此，我们可以质疑这是公共选择学派的回归。这种方法出现在二十世纪六十年代，属于传统自由主义学派。公众对服务机构的选择决定着（国家和地方）公共机构的存亡。这种批判性分析的主要工具是公共决策者、政府相关部门和技术人员的行为分析模型，他们为公众利益采取无私行动的目的，主要是保持其社会公共权力地位。如今在新自由主义和政治代表性危机的背景下，数字技术利益相关者带来的批评还引发了对大型数字技术私人团体，当然还有公共机构合法性的质疑。因此，即使公共领域提出了一种基于交流、集体智慧和参与的替代模式，作为这一建议基础的评论也有助于批判目前形式的公众参与和规划，也可能导致与这种自发组织形式的网络民主模式产生冲突的新法规的出现。

4.4.3 实例：平台设计的挑战，为公众参与创造条件

通过数字平台，参与城市社会运动的参与者可以获得的资源正在增多。这不可避免地引发了在这些新功能基础上设计这些技术平

台的问题。这个定义决定了交流和互动的形式。从该意义上来说，技术平台是管控工具，允许设计者支持某一特定类型的行动，以支持特定的愿景。劳伦斯·莱辛（Lawrence Lessig）用"规范即是法律"这句话来概括这个问题。事实上，对数字环境规则，即计算机代码的控制，使得强加一种行动概念成为可能。

区块链是第一种服务于提高透明度和去中心化的技术。首先实际应用在合作金融领域，目前也存在集中化的可能性。从这个意义上说，维基百科是这种"分布式认知"动态的一部分。这种动态设计可以汇聚更多个性化的知识和数据，而不必采用传统集中式结构。因此，每个参与者都以多米尼克·卡东（Dominique Cardon）和朱利安·勒夫雷尔（Julien Levrel）称之为"参与式警惕"的方式，提出建议并参与集体管理。

> 维基百科的监管本质上是程序性的。它总是将重大决策的致命后果推得一干二净。由于该项目的本质是激进的，任何人都可以编写百科全书，没有人可以拥有凌驾于他人之上的权力，因此需要参与者之间讨论形式的极端程序化，以产生稳定的共识。

在城市规划领域，可以观察到许多试图为分布式认知创造条件的社会技术手段。在实践中，这对应于不同程度的开放性，即支持参与的平台和参与的平台产品之间的制约关系，或者对应于项目代表的不同空间化水平。除了工具本身的特点，对城市发展过程的影响问题也被提出。事实上，数字化参与者的公众领域只有在公共机构决定改变其互动模式的情况下，才能有助于丰富公共机构开展的进程。这可以归结为在线和离线参加者实践之间的规划和衔接中的权力关系问题。不同地区情况可能会有很大不同，应该从公共管理进化的角度来观察转型能力——从广义上来看——有可能改变整体表现，并在公共讨论中引入新的基准。此外，这种转变能力也可以通过社会活动参与者或专业人员观察到。因此，上述数字平台可以被视为社会化和网络化的空间产物，从公众的积极参与，发展为专业化、职业化的公共机构。

4.5 结论

近几十年来，社会活动参与者和沟通方法促进了空间规划方法的更新。今天，数字技术的新参与者的出现，为空间规划方法的数字化革新提供了新的资源。这些新型数字化活动旨在从“维基百科—城市规划”的协作化视角，来向公众展示新的数字化方法，动员更多民众参与进来。

规划管理机构经常发现其受到这些数字化新参与形式的挑战，这些新参与形式通过提议打破城市旧有模式和城市规划，来质疑决策的形式和内容。在公共管理危机的背景下，通过强调规划中协作转向的未完成特性，以及在城市发展中评估和整合高度多样的思维和表达形式的困难程度，对城市发展方法提出了质疑。

从理论的角度来看，我们认为对交互模式的批评，也可以针对目前公共数字领域的实践活动。事实上，规划活动受到权力关系的影响，即使公众可以成为备选模式的承担者，也主要取决于管理机构本身整合多元化和扩大公众参与的挑战。因此，我们将在下一章中看到各公共机构如何通过使用数字技术更新其城市规划实践，以便找到新的方法，使向开放和参与式城市规划的转变更加卓有成效。

5

“开源化”城市规划：城市规划方法的更新

5.1 引言

非政府参与者的出现，反映出城市新技术的发展。数字经济时代的私人参与者以及参与“城市技术”发展的公众，经常会向负责空间规划的机构发起挑战。公共参与者的合理性和引导城市发展的能力，可能会受到质疑。但这种观点不是仅出现在空间规划领域，而且并非不可避免。事实上，数字技术也提供了许多改变公共领域规划实践的机会。相关管理机构也有机会通过掌握数字技术工具，更新自身在城市发展中使用的方法。数字化可以根据社会政治背景采取不同的形式，其广泛的范围从对公众的一般监督管理开始，到引入城市规划和城市公共管理流程为止。尽管这两种维度都有可能出现，但我们在这里选择关注后者，从理论上来说，数字工具将使参与性命令更有效，但尚未付诸实践。

本章的目的是研究城市数字化对城市规划管理机构的影响。数字技术是如何成为新标准的？哪些社会技术方法适合数字技术？它们与现有工具和方法有何关联？这些用途在哪些方面有助于制定更加开放、参与性更高的城市规划？

为了解答这些问题，首先，我们需要从公共数据的开放到政策的共建方面，回顾在数字技术成为地方管理机构的新工具的过程中，规划流程是如何开放的。其次，我们可以通过巴黎的案例，分析如何利用这些资源进行规划的制度实践。最后，随着协调合作和多方参与方法的广泛实施，我们将探讨这种转变对城市规划的影响。

5.2 规划流程简介

5.2.1 从各种挑战的增加到参与性机制的出现

在二十世纪七十年代，欧美各国政府都经历了一场合法性危机。这种危机尤其体现为对西方代议制民主运作方式的批评。这种偶尔出现的政治和技术精英之间的质疑，往往呈现为多种形式，或者说更多的结构性表现。更笼统地说，随着平均教育水平的提高、经济的第三产业化和女性解放，社会正在发生深刻的变化。

从空间规划的角度来看，许多“城市冲突”都是二十世纪七十年代的标志性事件。因此，许多城市在更新政策中都受到了质疑。在这些质疑中，既有对由摩天大楼和娱乐场所组成的，所谓现代化城市规划项目的质疑，也有对过于封闭的决策过程的质疑。二十世纪七十年代末，发生在法国加来海峡大区鲁贝市（Roubaix）的阿尔马-盖尔区（Alma-Gare）的事件（城市更新计划遭到强烈反对）便是对这种观点的最好解释。诸如反战和环保团体等民间组织主要抵制一些大型项目（例如拉扎克（Larzac）高原的军营或位于菲尼斯泰尔省普洛格市（Plogoff in Finistère）的核电站等）。然后，在二十世纪九十年代，法国高速铁路（TGV）地中海沿线项目则引发了大规模抗议活动。

这些不同的运动，主要是对决策的政策合理性的质疑：批评指出，决策由远在巴黎，不了解本地实际情况的技术精英们作出，与本地的实际发展问题相脱离。这些不同的运动对专业知识的合理性提出了挑战：根据他们的观点，高级官员和工程师也并非完全坚持规划价值中立原则。

为响应不同的公众参与诉求，各国制定了新机制，将公共辩论制度化。因此，在1983年，法国于7月12日在第83-630号布沙尔多法（French “Bouchardeau” law）中创建了公共听证程序，并在地方一级政府机构正式进行了第一次协商。特别是与拟订城市规划文件相关的职权，然后移交给当地相关管理部门。

1995年2月2日，法国在组织重大项目辩论的基础上，通过的第95-101号巴尼尔法加强了这些规定，并设立了全国公众辩论委员会（CNDP）。随后，与公众辩论相关问题的适用范围，被自动缩小到对环境和发展有重大影响的国家利益项目，例如TGV或高压电气线路项目（包括高速公路或机场）。2009年8月3日颁布的关于实施第2009-967号《法国环境公约》的规划法将公众辩论的范围扩大到任何项目所在地区内的主要技术、社会和环境问题上去。全国公众辩论委员会是一个独立的权威机构，其组织结构和任期内成员资格的不可撤销性，保证了其独立性。该机构可对辩论进行记录，但不就决定发表意见，仍由公共当局作出决定。该组织的组成人员中，有三分之一为地方在职官员和议员，三分之一为地方法官，另外三分之一为协会代表。这些辩论很大程度会影响主管部门的决定，促使他们公开技术方法，并有可能改变项目的目标及将三方诉求协调一致。

然而，公开辩论并未解决任何针对项目的质疑。在这方面，南特附近的朗德圣母机场（Notre-Dame-des-Landes）项目就是一个典型案例。该机场项目是在二十世纪六十年代末为支持平衡大都市政策而决定开展。在沉寂了几十年后，这个项目被重新启动，并在2002年和2003年就本项目组织了一次公开辩论。项目发起人的中心论点主要强调了机场存在的必要性，而不是当前机场对南特市区向南发展（特别是南特岛改造项目）的限制。然而，在对该项目进行辩论、咨询和研究后，这些立场仍然不可调和，因为这不仅是一场技术辩论，更是发展理念的对立，以及自然和农业资源保护与大都市发展之间的优先级问题。2016 年 7 月举行的全民公投并没有彻底解决这个问题，尽管全民公投决定继续建设该项目，但争议仍然存在。

在地方层面，2002 年 2 月 27 日通过的第 2002-276 号法国维郎法（Vaillant Law）规定，人口数量超过八万的城市必须建立社区委员会。通过强制执行，该法律承认了自二十世纪六十年代以来所进行的探索。然而，立法者并未指定社区委员会的组成、运作方式和权力，因此，此政策在各个城市的执行方式有所不同。尽管如此，这些机构的制度化，让社区居民认识到了专业知识在日常区域开发实践中的应用。

2013 年 7 月，社会学家玛丽-埃莱娜·巴凯（Marie-Hélène Bacqué）和 AC Le Feu collective 的主席默罕默德·麦驰马赫（Mohamed Mechmache）向负责城市事务的部长委员会代表提交了一份为社区居民参与城市政策而制定的报告。这份报告概述了“法国的授权政策”：他们提议，根据魁北克模式创建“社区圆桌会议”和捐献基金，为居民组织的项目提供资金。由此成立社区居民委员会，居民代表基本上以抽签的方式选出。

最后，协商和参与尽管在规划领域得以发展，但依然畏手畏脚，并经常被吸收至当地的政治体系。多项研究表明，这些参与方法具有特定的社会学偏见：最初，这些方法都被政策环境、社区活动参与者，以及在当地公共行动方面具有丰富经验的公民控制；而劳工阶层和年轻人中的参加人往往不具有代表性。此外，居民企图过分强调本地问题。尽管如此，参与性方法已深刻地改变了管理部门提出观点的方式，他们现在会更多地考虑当地民众对其项目的接受程度，同时也导致这些项目内容经常会改变。

尽管提高参与性的转变还未完成，但是随着许多新技术手段的应用，这种转变也取得了很大进展。二十世纪九十年代末以来，随着互联网接入的发展，技术手段正在逐步数字化。第一个挑战是共享信息，其次是从“共同创造”、“构思”或众创模式的角度逐步让公民参与政策的制订与实施。在未解决所有问题前，数字技术允许我们通过实践去设定各种技术方法，展示想象中参与制度的现代化。

5.2.2 数字化，一种新型参与方式

5.2.2.1 公共数据的开放

在城市数字化过程中，数据访问问题是民主挑战的核心问题。早在1789年，法国《人权和公民权宣言》第十五条就规定“社会有权要求一切公务人员报告其行政工作”。第二次世界大战后的经济增长时期，出现了新型社会运动。阿兰·特莱尼（Alain Touraine）将其描述为“后物质主义”，该运动主要关注公共自由问题。在越南战争的背景下，美国在1966年通过的《信息自由法》开放了对海量数据的访问。十年后，法国成立了获取行政文件委员会（CADA）以解译与获取文件（以公共服务的任务形式制作或接收的文件）。随着时间的推移，这些标准在大多数西方国家得到了推广。

数字经济的出现使这个问题重新回到政治舞台上，这也成了政务公开化社会活动家提出的政策改革与公众参与者推动的技术问题不断融合的动力。在欧洲，欧洲政府机构在数字经济过程中发挥了重要作用，数字经济蕴含着强劲的经济增长前景。在全球范围内，网络技术精英推动了数据开放运动，特别是在2007年，开放政府数据一词一经出现，便得到了劳伦斯·莱辛、蒂姆·奥赖利和亚伦·斯沃茨（Aaron Swartz）等互联网先驱们的支持。然后，一系列政治更替也支持了这场旨在提高行政效率和政策制订合理性的数据解放运动。有趣的是，这场运动在一开始就同时涉及政治领域中不同的政治派别。但是，将其应用于不同的政治愿景时，又能突出各种不同的目标和价值观。在美国2008年的竞选活动中，巴拉克·奥巴马（Barack Obama）使用数字资源来动员选民。简单地说，他建议让网络成为技术创新和社会进步的工具："我们必须调动一切可利用的技术和方法使联邦政府更加开放，将政务透明度提高到一个全新的水平，以改变美国企业的运营方式，让美国人民有机会参与政府审议和决策，而这些在几年前是不可能的"。然后，他在2009年创建了data. gov网站。在英国，大卫·卡梅伦当选之后，便于2011年推出Data. gov. uk网站，该开放数据项目有助于解答公众对于公务人员报销费用的质疑。由此可见，该数字运动的目的是在市场经济逻辑中更好地控制公共支出。法国于2011年创建data. gouv. fr网站。当时，法国在数字运动方面似乎有些落后，但该平台在2013年总统选举后被彻底改变：通过采用与用户共同构建的模式，用户可以提出自己发布数据的需求；增加了论坛板块，以鼓励信息提供者和公民之间的辩论；鼓励并广泛推广数据的重复使用，以及数据的免费开放许可。如今，法国的做法有三个目标：改善民主运作；提高公共行动的有效性；为经济和社会创新提供新的资源。2016 年法国通过的《数字共和国法案》，使数据开放成为所有行政部门和地方当局所遵循的法则。

然而，对于在数据发布中展示的解放能力方面，我们也不能太天真。因此，通过唤起数据开放性，克莱芒特·马比（Clément Mabi）和萨缪尔·格塔（Samuel Goëta）呼吁大众“摆脱机械地将数据与赋权理念联系起来的陈规，在无需质疑这些信息使用条件的情况下，自愿为公民提供获得由政府机构生成、选择和处理的公共数据的权利”。

从地方政府机构的角度来看，这些数据从两个维度提供了新的处理前景。第一个维度是可操作性，其目的是更好地了解城市的用途，让城市服务和公共政策个性化。因此，开放数据对于公共和私人运营商来说，都是一个相当大的挑战。在规划和城市发展方面，了解住宅的土地价值和能源消耗，准确了解公共交通的覆盖率或不同企业的营业额是非常有用的（但在现实实践中，很难实现）。第二个维度是提高公共行动的透明度和增加公众获取信息的机会，以便公众更好地控制公共政策的重要性和有效性。在这方面，公众需要有能力获取这些数据，以便对其进行解密、处理，并正确分析。因此，政府机构面临着运营性挑战。政府机构要使这些数据可读、可交互操作，且要打破可能会使此运动减速的行政分割或政策摇摆的禁锢。

在巴黎，数据的开放从2011年1月就开始了。自2014年4月以来，公共采购中甚至出现了开放数据条款。这一数据开放目标也涉及巴黎市政府的网站（www. pairs. fr/.），该网站是政府机构和公众之间的接口。2015年6月，新版网页平台上线，该网站的全新设计更专注于其用途。该网站的主要创新是集成搜索引擎，这一搜索引擎允许搜索所有内容，并在使用某些关键字时提供建议。

最后，公共数据的开放是开放城市发展进程的必要条件，但这可能远远不够。事实上，公共政策的共同构建需要政治意愿、制度和技术支持，而最重要的是，稳定的财政专项资金。

5.2.2.2 开放公共政策建设意见

除了必要的透明度之外，数据访问也为开放公共政策的构建方法提供了新的资源（事实上，这些数据的使用为新服务的开发提供了新的机会）。尽管政府机构会负责实施这一创造过程，但我们仍然需要感谢公众在不同平台上的贡献。

这些集体和数字创意空间主要涉及“编程马拉松”这一团体。编程马拉松是由“黑客”和“马拉松”两个单词组成，融合了两个词的含义形成了新的词义。基于自由开源软件运动中，开发人员对于社区的想象，编程马拉松是指程序员们在一段特定的时间内，以合作的形式去进行电脑编程。整个编程的过程几乎没有任何限制，其核心是以合作方式编写程序和应用。巴黎市已利用这些方法在就业、安全和公众参与方面创造了新的服务。

除了使熟练掌握技术的人参与外，提高民用科技的挑战在于尽可能让公众广泛地参与，以克服数字鸿沟的风险。

几年来，不同级别的政府已经进行了各种实践。地方级政府具有丰富的经验（我们将在第5.3节中看到巴黎的案例），但近年来，最具代表性的例子是在起草《数字共和国法案》期间进行的长期磋商。法国国家数字技术委员会（Conseil national du numérique）于2014年10月至2015年2月期间首次举行了磋商会。收集公众意见（超过4000份）后，政府于2015年6月18日提出了“数字战略”。随后于2015年9月26日至10月18日对法案草案文本进行了公众咨询，超过21330名公众提交了约8500份稿件和150000张投票。

公众参与咨询需要在线注册一个账号。公众不能使用开放的识别协议（如OpenID），但可以通过网络身份供应商（脸书或谷歌）进行身份验证，这一规定似乎与政府对这些大型集团设定的监管目标相矛盾。平台上可能有四种类型的提交意见：

——提案（添加新条款）；

——修正案（修改条款的提议）；

——论据、来源等；

——投票。

我们可以就一切问题进行表决，但不能就协商本身的方式进行表决。这样，这些论点必然是“支持”或“反对”，导致了本技术方法的批评。这次协商确实看起来像一次公投：我们可以提出“支持”的论点支持管理部门，我们也可以提出“反对”的观点，可能会阻碍这项法案的进展。

与其他协商一样，在此轮协商中，平台的设计只能让某种参与形式具有可操作性。在这些平台开放某些操作可能性的同时，它们还通过对互联网用户的行为施加规范性约束条件来监督其实现的条件。在参与规划议题方面，我们已经观察到了与不同程度的开放相对应的各种社会技术手段，特别是技术手段作为支撑参与的技术手段之间的制约关系，以及表现出的空间化水平的差异（见图 5.1）。

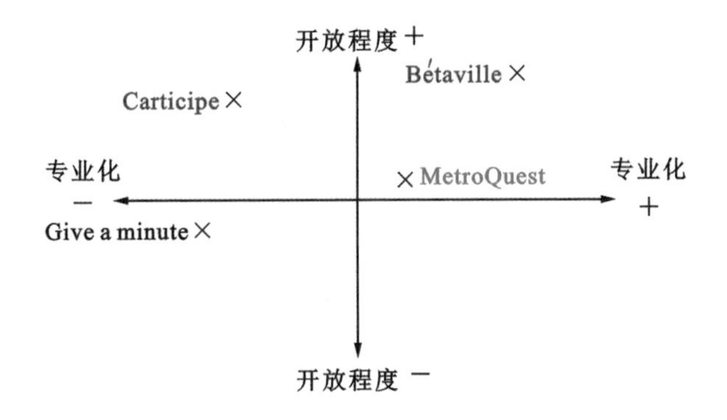

图 5.1　根据专业化和开放程度参与的社会技术工具示例

因此，推出数字技术是一项决定性的技术选择，该选择主要基于社会管理部门的政治愿景。然后，其技术架构反映了行动的设计，有助于对管理部门功能的重新定义。

5.2.2.3　作为试验和创新平台的政府机构

随着创新和实践，数字技术开始出现在公共事务管理中。用扬妮克·巴尔特（Yannick Barthe）、米歇尔·卡隆（Michel Callon）和皮埃尔·拉斯库姆（Pierre Lascoumes）的话来说，这是向“不确定性制度”的过渡。数字技术也允许我们在定义和实施公共政策的过程中，采用更具实践性的方法。政府通过利用数字技术，使用复杂的、不成熟但不断发展的概念，成为创新实践的支撑力量。我们须从社会和技术的角度来考虑创新实践，也可以将其描述为验证和构建权力平衡的手段。

由技术出现所产生的新的力量平衡中，地方机构不再是负责组织和提供处于主导地位的城市服务的唯一参与者。这种城市服务就像是一个复杂生态系统（其中有多种因素相互作用）的中心，在不断识别问题、验证和开发原始解决方案的过程中，也可能会去定义和监测城市服务的供给性能。对于地方政府机构来说，这种动态协作具有变革意义。

Web 2.0之父蒂姆·奥赖利（Tim O'Reilly）将城市服务称为政府2.0。虽然对这些技术手段的定义仍然相当模糊，但在使用Web 2.0协作工具使管理部门更加开放、透明、协作、快速响应和有效方面，具有明显的趋同性。因此，奥赖利进一步对该工具进行了定义（不仅仅是使用工具）：他坚信，这一工具带有一种新的组织模式，带有一种基于效率、开放和交流的新文化的新理念。

他还提出了将政府作为平台的想法。也就是说，在数字行业，那些已经成为平台的公司已取得了巨大的成功，比如谷歌推出了一系列在线服务，或者苹果推出了iPhone应用程序平台等。对于奥赖利来说，将这种工具转交给政府是有意义的。

该工具不仅提供网站，还提供网络服务或软件开发工具包。通过这种方式，公众和创新公司也可以获取平台对于构建新的应用程序的支持。乔纳森·齐特雷恩（Jonathan Zittrain）将这种开放平台创造出新可能性（其创造者无法想象的）的能力称为“生成性”。

对于管理机构而言，它们有必要将自己的定位从分配社会资源转变为组织公众行动的推动力量。从非常接近公共选择学派的角度来看，这种工具让蒂姆·奥赖利开始考虑，公众可以提供服务来代替或补充公共领域的缺失。然而，并非每个人都认同这种观点。安德烈亚·迪·梅约（Andrea Di Maio）反对这种将政府作为平台的愿景，原因是即使可以从公共数据中创造价值，也并非所有政府行动都仅限于从公共数据中创造价值（特别是在社会监管、保护和安全责任方面）。从实践角度看，数字工具的运行并不总是在开放的过程中完成的，也会在市场运行中完成。实际上，数字工具的运行通常与参与城市科技生态系统，并将其视为重要盈利机会的私营供应商有关。我们可以引用新城集团（Neocity）的案例（见图 5.2），该公司是一家为当地社区提供一系列可直接使用的应用程序的公司。

在平台的技术接口背后，存在着其所开发的管理机构类型和公共行为背后的价值观问题。对巴黎案例的研究可以验证各种参与式工具。

一份完整的公民服务申请

为您的选民提供他们需要的工具

News　Calender　Canteen menus　Instant notifications　Publications　Social networks

Municipal services　Transport　Administrative procedures　Trash　Emergencies　Defibrillators

Works　Interative map　Elected officials　Directory　Report a problem　Surveys

为您所在的城市选择性能最高、最完整的移动解决方案

图 5.2　新城集团提供的本地数字平台

5.3　定义和测试在线参与的技术手段：以巴黎为例

5.3.1　从参与式到数字化里程碑

巴黎在法国的政治和行政组织中一直占据着独特的地位，中央政府一直希望能控制首都。自 1997 年雅克·希拉克当选巴黎市市长以来，他一直担任这一职务。直到 1995 年，他当选了法兰西共和国总统。

在意识到这一新挑战的范围后，让·蒂贝里（Jean Tibéri）接替了雅克·希拉克的位置并接管了“协商和沟通”的反对派政治。事实上，自 1995 年起，政治平衡开始发生变化。左派当选了 6 个区的区长，结束了自 1983 年以来右派一直占据所有区的“大满贯”现象。

左派则提出了参与式民主，该观点主要包括使公众的要求合法化并构成对抗市议会的制衡力量的战略。法国社会党（Parti Socialiste，PS）提议通过建立居民委员会应对“代表危机”，这种替代方案可以让区长与市民保持永久联系，并拥有更强大的力量对抗中央市议会。

在2001年的市长选举中，左派占据了另外4个区域，随着贝特朗·德拉诺埃（Bertrand Delanoë）的当选，左派赢得了市议会多数现任官员的支持，并提出两个主题来象征转变方针。一方面，从可持续和以团结为基础发展城市的角度描绘公共政策内容的演变；另一方面，从与“希拉克体系”决裂的角度，说明政治实践朝着更加开放的方向发展。

贝特朗·德拉诺埃的选举计划在民主方面具有前瞻性：“改变巴黎的时代，意味着要定义一个具有前瞻性的新项目的利害关系。第一个挑战是公众议题，这是改革的先决条件”。为了结束巴黎的“民主赤字”，新市长承诺建立参与式民主：“我们希望用一种基于倾听、伙伴关系和契约的开放式、参与式民主方法，来取代制约性的参与式民主”。

社区指定居民委员会作为授权机构，能够使其公众参与程度非常高，但没有具体说明其确切的决策或运作模式。打破“希拉克体系”的愿望存在理论不足的问题，该愿望反映了市政府中多数派的各个组成部分在参与式民主模式概念方面的差异。最后，实施倾向于法国社会党的主张，并在地区之间表现出相当不平等的概念。

2003年“地方公众使命团”成立，以在居民委员会的协商和实施程序中支持所有市政府部门。因此，居民委员会拥有了更好的倾听能力，其专业能力也得到了强化。总之，作为政治创新的改革开始成为巴黎形象的一部分。

2008年，在第二次竞选期间，“巴黎民主活力十五大承诺”中不再出现“参与式民主”一词，市长的政治话语也发生了变化。此后，他在公开会议上多次提到“管理质量”一词。

安娜·伊达尔戈（Anne Hidalgo）（第一副市长，指定的第二人选）参加了2014年的选举。她就是采用公众参与模式，制订勇敢巴黎计划（Paris qui ose）：

> 为了发展我的计划，我使用了一个汇集2000多人的在线提案平台。我将继续使用这一经验，在近年所做的工作（特别是居民委员所做的工作）的基础上建立计划，并使用数字技术重塑协商和公共辩论方法。

候选人提出了“一个振奋人心的项目，数字技术在该项目中发挥结构性作用。在该项目中，数字技术应用既是必不可少的经济活动，也是改善城市和公民责任感的途径”。

这一主题的重要性尤其要归功于市长的联合竞选经理让-路易斯·米西卡（Jean-Louis Missika）。选举后，作为副市长，他的职责范围扩展到城市规划问题，而这些问题中仍有创新和数字技术的挑战。为了将巴黎转变为数字城市，巴黎于2015年在一种系统地促进公民参与和共建的新方法的基础上，制定了“智能和可持续发展的巴黎”战略计划：

> 由于公众每天都在体验这座城市，所以他们必须成为项目的核心。于未来城市的发展而言，与所有利益相关者、开放数据、对创新的不懈支持以及公众以个人名义参与反映并提出想法有关的项目共建，是非常重要的基石。智慧城市的基础是开放城市，而开放城市则被设想为连接企业家、协会和公众的平台。

更具体地说，这些对开放公众参与进程和发展数字技术应用的承诺被体现在不同的技术方法中。在此过程中，首先需要处理的是社交网络的使用，然后是涉及城市规划程序的数字化（这一进程甚至引起政府开始制定全新的数字政策，例如，创建参与性预算的委托文书提案草案）。

5.3.2 关于社交网络的公开辩论：推特（Twitter）上的巴黎市议会案例

在地球政治（Politiques de la Terre）项目框架下所进行的研究中，我们通过分析推特上在职官员的态度，研究了地方形式的公共辩论。作为通信工具，推特正在全面推广，每月活跃用户达 3.04 亿人，在 2015 年，法国的活跃用户达 230 万人。它可以让每个人都有机会在世界各地的互联网络上表达自己的意见，并开启创造几乎无限的公共空间的可能性。在微博活动中，推特仅用了 140 个字符（包括空格）的快速简洁的消息，而这些消息大部分是公开的，因此，每个人都有权访问。推特用户可以使用标有 # 符号的主题标签

（关键字）提及自己的意见，参加辩论并表达他们对某个话题的看法。此外，还可以在推特上交换私人消息。

公众人物广泛使用推特，通过使用该工具来接触对其活动感兴趣的互联网用户。我们的研究主要集中在163名当选的巴黎市政官员（他们都是巴黎议会"具有市政和部门委员的双重职能"的成员）的账号上。在这次研究中，我们统计了143个推特账号。

分析和形象化这些大数据的目的，是对在职巴黎市政官员使用社交网络的情况进行研究，并观察其公共辩论的态度，特别是关于城市规划和发展挑战的争议。

我们首先会寻找暗含着深刻争议的话题，然后，我们会对已经发布的相关推文内容进行更详细的分析。

巴黎市政议会的议程，包括政治议程上的项目、政府机构的行政限制（包括通过和执行预算）和带有自由提问环节的政治活动。对于会议中使用的主要话题标签，我们可认为它们反映了讨论中的主要话题，或至少是会议中讨论的主要话题（见表5.1）。

表5.1 在2014年1月1日至2015年6月30日的不同会议期间，以#巴黎议会（ConildeParis）标签发布的推文中使用最多的词汇

会议编号	会议日期	使用的主要标签
1	2014年2月10日	#EELV，#Mun75013
2	2014年4月5日	#巴黎2014，#巴黎20，#NKM，#巴黎19

续表

会议编号	会议日期	使用的主要标签
3	2014年5月19日和20日	#Hidalgo，#大事件，#住宿
4	2014年6月16日和17日	#BergesdeSeine，#EELV，#住宿
5	2014年7月7日、8日和9日	#EELV，#PLU，#100杂志
6	2014年9月29日、30日，10月1日	#Hidalgo，#NKM，#CPJ，#Magouilles
7	2014年10月20日和21日	#Hidalgo，#Déontologie，#75 017
8	2014年11月17日、18日、19日	#TourTriangle，#三角，#巴黎12
9	2014年12月15日、16日、17日	#2015年预算，#Hidalgo，#住宿
10	2015年1月9日	#CharlieHebdo，#ParisEstCharlie，#Jesuis-Charlie

续表

会议编号	会议日期	使用的主要标签
11	2015年2月9日、10日和11日	#污染，#UMP，#EconomieCirculaire
12	2015年3月16日、17日、18日	#RolandGarros，#Multiloc，#JO2024
13	2015年4月13日和14日	#JO2024，#AmbitionOlympique，#PlanVélo
14	2015年5月26日、27日、28日	#智慧城市，#RolandGarros，#Berges
15	2015年6月29日和30日	#TourTriangle，#预算，#三角

然而，这些断言似乎并不适用于所有会议。有关政党或在职官员的#巴黎标签就是这一断言的证据。然而，一些标签暗示了在研究期间倍受争论的话题。我们特别想到了#BergesdeSeine，#RollandGarros，但更多的是#JO2024和#TourTriangle，因为在2014年1月1日至2015年6月30日期间举行的第8次、第13次和第15次巴黎理事会会议上，这些议题是推特上最主要的讨论话题。我们将重点关注后者，通过对一个有争议的项目的研究，突出最有争议的交流维度。

2008年9月，当时的巴黎市长贝特朗·德拉诺埃在巴黎第15区凡尔赛宫展览中心公园附近展示了一个高层建筑项目，这是由尤尼百-洛当科集团（unibai-rodamco）设计的名为“三角大厦”的摩天大楼。180米高，42层的三角大厦将成为巴黎第三高的建筑，仅次于埃菲尔铁塔（324m）和蒙帕纳斯塔（210m）。

该项目需要对2006年批准的巴黎地方城市发展规划（PLU）进行修改。因此，相关管理部门不得不决定停止三角大厦的地基建设，并中止签署租赁承诺以及与建造高层建筑相关的建筑租赁协议。2013年7月9日，在施工许可证有效期内，巴黎市议会以微弱的多数优势取消了最终保留意见，同意修改这项地方城市化方案以允许三角大厦的建设。

在施工许可证有效期间，该项目被再次列入调查投票议程，然而社会党不再占绝对多数，因而不得不寻求盟友欧洲环保绿党和左翼阵线的支持。鉴于环境保护主义者的反对，投票数相当接近，因此市长决定采取无记名投票，而不是大部分投票采取的举手表决方式。在2014年11月17日的会议上，该议案以五票之差被否决。然而，巴黎市长就此事向巴黎行政法院提出上诉，称本次投票由于不规范而遭受破坏，相关实证包括：本次投票本应为无记名投票，但在投票期间，反对派在职官员在将选票投入票箱之前公开展示了他们的投票。公开投票的场景也在社交网络上被转发（见图5.3）。

Je vote CONTRE la tour triangle! Ayons le courage de nos votes! @GroupeUMP @nk_m @anne_hidalgo

RETWEETS 54　J'AIME 23

20:20 - 17 nov. 2014

图 5.3　第 16 区议员克劳德·古阿斯金，展示他反对三角大厦建设的投票[①]

这次投票被行政法院判决取消。2015 年 6 月 30 日又举行了一次新的投票，而此次倡议者对项目进行了稍微的修改。最终，该项目以 87 票赞成、74 票反对获得通过。6 名民主与独立派联盟以及 6 名人民运动联盟代表，尽管接到了反对派领袖娜塔莉·科希丘什科-莫里泽的指示，仍然对建设三角塔投下了赞成票。社会党、左翼阵线和左翼激进党支持该项目，理由是巴黎部分办公园区将因陈旧而

① 他在推特上宣布：“我投票反对三角塔建设。让我们勇敢地投下一票！

遭淘汰，此举可以强化该市经济吸引力，并创造工作机会，而欧洲环保绿党组织则对这个被视为“能耗”太高的项目持反对态度。部分推特内容如图 5.4 所示。根据市议会计划，三角大厦建设于 2017 年动工，2020 年交付使用。

PierreYves Bournazel @pybournazel · 30 juin
La #TourTriangle c'est refuser d'investir à l'est. Les emplois de demain se feront aussi à l'est et sans hauteur! #ConseildeParis

Pascal JULIEN @PJulien18 · 30 juin
#ConseildeParis #climat2015 La #TourTriangle insulte la lutte contre le réchauffement climatique ! Pourquoi PS + PC s'obstinent-ils ainsi ?

Danielle Simonnet @simonnet2014 · 30 juin
"Ce projet est une arnaque libérale pour les contribuables. Un partenariat public privé déguisé." @Simonnet2 #ConseildeParis #TourTriangle

图 5.4　人民运动联盟籍议员皮埃尔-伊夫·布尔纳泽尔、欧洲环保绿党籍议员帕斯卡尔·朱利安和左翼党派议员丹尼尔·西蒙内特，在 2015 年 6 月 30 日辩论期间的推特内容[①]

在巴黎市议会的现实空间里，口头干预是有限的，而推特为相关管理部门的官员们提供了额外的表达空间，因而他们可以继续发表论点，回应持续的辩论。此外，线上辩论并不仅仅局限于推特社交网络。市民也可以通过线上请愿平台表达他们的观点，尤其是可以表达他们对项目的支持或者反对态度。最后，在这次投票结束

① 布尔纳泽尔：“三角大厦意味着拒绝在东部投资。明天的工作将在东部，不要高度！”朱利安：“三角大厦是对与全球变暖作斗争的侮辱！为什么社会党如此顽固？”西蒙内特：“这个项目是针对纳税人的自由主义骗局，伪装下的 PPP 模式。”

时，推特为巴黎市长提供了一个公共讨论区来表达她的满意（见图 5.5）。

巴黎管理部门官员对推特的使用，反映了目前推特在地方项目许可审批中越来越重要的工具形象。线上表达在地方公开空间之外开辟了另一个虚拟空间。因而，在市政厅召开的巴黎议会会议辩论的瞬时性与实体性之外，推特网络提供了无限制的表达和交流空间。事实上，线上和线下公开辩论会使问题复杂化，不过也加强了利用社交网络来促进公众参与和公开讨论的新型社会管理理念。

最终，通过观察 Web 2.0 时代大数据的使用，开启了更好地理解公开辩论以及可能在此产生的争议的新方法。然而，目前社交网络的公众参与水平相当低，这是因为它更关注信息本身，而不是真正的协商。遵守平台规则的制度性使用，才能实现更高水平的公众参与。

5.3.3　控制性详细规划数字化：地方城市规划方案修改案例

巴黎市议会第一次采用众创的方式，源于一个英国的应用程序“路平”（FixMyStreet）。移动应用程序“在我的街道上”（DansMa-Rue），从 2012 年开始测试，2013 年向大众公开。它在传统的 3975 电话服务之外，提供了一种可选方式，即允许居民收集信息，为促进引入技术服务提供便利。根据这种服务经验，该应用程序也得到了绿化运动“绿化我家周边”（Du vert près de chez moi）的支持。

Anne Hidalgo @Anne_Hidalgo · 30 juin
Avec 87 voix, le projet de la #TourTriangle est adopté et je m'en réjouis. #ConseildeParis

RETWEETS 272 J'AIME 141

18:56 - 30 juin 2015 · Détails

图 5.5 投票结束后，社会党籍市长阿娜·伊达尔戈在推特上宣布“三角大厦项目已经以 87 票获得通过，对此我非常高兴！”

5.3.3.1 控制性详细规划程序数字化

巴黎地方城市发展规划（PLU）的修编是安娜·伊达尔戈任期初始阶段的标志性动作，旨在更新巴黎各地区的空间规划方案。规划修改提出了三个主要目标：每年面向所有大众推出一万套住房；治理气候变化与污染；强化经济吸引力并提升就业率与受教育程度。在公开会议期间，每个区的巴黎人都被邀请提供他们关于规划原则方面的意见。除了这种经典的咨询模式，创新内容包括向大众开放被称为"想象巴黎"的线上合作平台。分管城市规划工作的副市长让-路易斯·米西卡通过数字技术，向公众展示了规划管理部门作为服务城市发展部门的转型工具和方式：

> 协商甚至共建是城市规划的本质向量，它纳入了社会变化、新的抱负以及必要的变革：能源和生态。一项城市规划之所以开放和高效，是源于其民主性。在这个合作平台上，人们可以一起调查、提议以及辩论。正是通过参与巴黎的主要规划项目，我们才放飞了自己的想象力。

这项倡议是参与式活动图运动的一部分。该运动有助于收集个人关于某个地区发展的意见、想法以及反应。这些活动图涉及混合式的公共讨论场所，结合了学术性以及世俗性的专业知识。各种意见通过与多重开放程度相对应的不同社会技术工具来表达，参与活动支持图与参与活动结果图之间的对立。

5.3.3.2 多工具的操作

“我在街道上”（DansMaRue）平台通过不同的标签组织起来。首先，允许“理解”并且收集广泛的信息和资料。然后，通过不同工具“参与”来实现。在为期三个月的活动期间，该网站产生了22838次访问量与88553次页面浏览量，总计发表了2268则提案和评论，其中981则来自公开会议：60%关于辩论部分，而40%则关于参与式活动图部分。此外，通过线上关联表格，人们也提出了154个问题。关于1287则线上提案，我们可以通过三分法分析该网站的使用。其中3.6%的访问产生了提案，1.3%的访问产生了评论。因而，超过95%的访问并没有引起任何的具体行动。让我们观察一下这些表达和投入的本质。

该网站提供的第一个可能性，是围绕地方城市发展规划三个主要目标参与线上辩论以交换想法和提案。然后，互联网用户可以选择参与预定辩论、提出新辩论或者通过文本或图像形式发布自由提案。绝大部分提案属于这一“自由”的范畴，这显示了真正组织集体辩论的困难，因为这里的辩论旨在交换论点而不是将论点简单地罗列在一起。然而，用户有机会投票给他们希望支持的提案，还可以对此发表评论，由此可对提案想法进行回应，或者在社交网络上分享这些内容。需要注意的是线上平台同时结合了线上和线下的提案（在公开会议上）。关于辩论的线上提案见表5.2。

表 5.2 关于辩论的线上提案

主题（地方城市化方案目标）	辩论次数	个人提案数
住房	2	200（26%）
环境	4	348（46%）
创新型、有吸引力的城市	3	218（28%）
总计	9	766

第二个可能性，是助力交互式地图通过锁定其在巴黎街道上的观察结果提供讨论的想法。

地图中纳入了线上或者在公开会议上的提案。三个主要目标架构了辩论体系，其主要议题为环境问题。用户通过这些提案可以表达评论，也可以投票表示支持。关于参与活动图的提案见表 5.3。

表 5.3 关于参与活动图的提案

主题 （地方城市化方案目标）	个人线上提案数	个人提案总数
住房	91（17%）	175（19%）
环境	279（52%）	486（54%）
创新型、有吸引力的城市	163（31%）	245（27%）
总计	533	906

然而，提案的构成非常明确，22 个供稿人提供了 50%的提案。例如，“biodiverCité”的供稿人，贡献了 12%的想法。在参与活动图上定位想法见图 5.6。

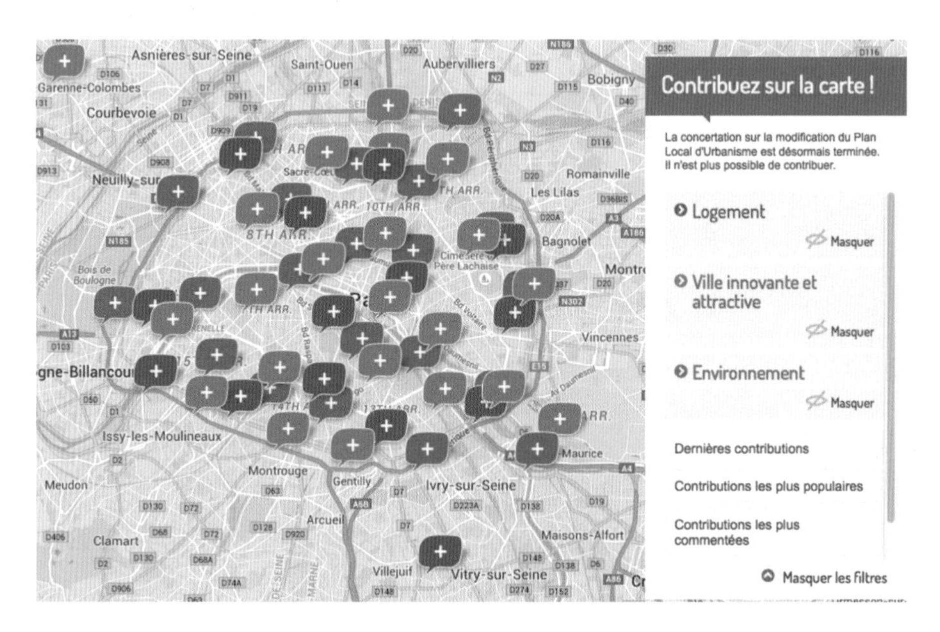

图 5.6　在参与活动图上定位想法

第三个可能性，是一面图像墙，它汇总了在平台上、在线上辩论里以及在参与活动图上发布的所有图像。该图像墙无法进行直接表达，而更多的是一种概览，通过跟进与图片相关的链接更好地探索提案。

而且，它也可以在专门网站以及推特@ParisUrba账户上跟进辩论（各种公开会议的公告、介绍以及报告、常见问题等）的进展。推特账号拥有863个用户，共发布1384条推特。

5.3.3.3　地方城市化方案之外的用户

在整个咨询期间，网站上共有2268则提案（绝大多数来自线上），22838次访问量以及88533次页面浏览量（平均每次访问浏览3.8页）。我们可以这样认为，数字化技术有助于使参与式方法节约社会资源，但是未必有助于增加对城市规划积极参与的市民的数量。如果与之前的咨询数据作对比，我们可以发现在 2002 年和 2004 年间数字更加可观，即 120000 份完成的问卷（所有住户都收到了文件），且从相邻议会以及协会收集了 14000 条建议。

在这种数量进化以外，我们可以观察到利益相关者在操作质量上的改进。因而，正式的组织尤其是协会或者政党中的组织，或多或少地会使用这些新平台来提出他们的想法。我们可以引用巴贝斯行动（Action Barbès）协会的例子，该协会通过使用辩论以及图像来分享关于在地铁轨道下方开发一条城市慢行道的想法（见图 5.7）。该提案是整个参与活动图上最受欢迎的，获得了 12 份投票和 10 条评论。这种现象可以用想法本身来解释，但也可以归功于协会的动员能力，尽管按照绝对值来说，这些数字量仍然相当低。

为了支持社会运动的挑战与目标，平台自身成了一个权力议题。在巴贝斯行动项目不久之后，围绕 18 区 Bois-Dormoy 保护的争议也成了提案的主题，并收到了很多投票与评论。

最终，“想象巴黎”平台成功地向市民提供了一个表达对于城市规划各种问题观点的数字平台。然而，面对地方城市发展规划实施过程的复杂性，该平台还是表现出了一定的局限性，比如，很多提案并不是关于地方城市发展规划本身（50%），或是涉及了具体程序方面（8%）。结果，在表达想法之外，共同起草一份与地方城市发展规划一样复杂的法律文件的过程，将需要三个月以上的时间来汇总判断是否实现战略愿景（例如：可持续规划与发展计划），最终将其转化为监管城市发展项目的法规。在跟进地方城市发展规

Carte interactive

Partager

Avec la carte interactive, partagez vos idées, remarques, points de vue, etc. aux plus près de chez vous ou consultez les contributions des autres internautes.

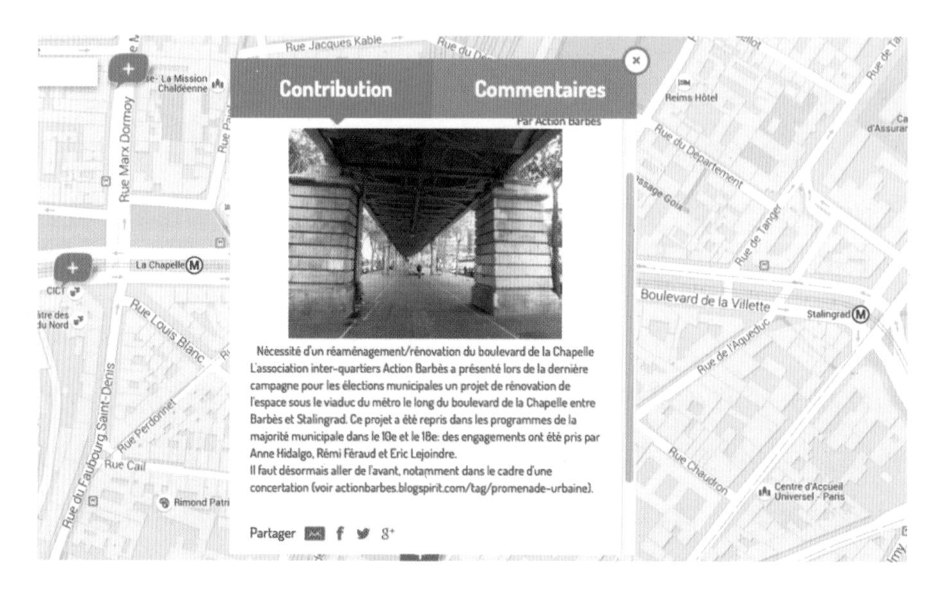

图 5.7 巴贝斯行动协会的“城市漫步道”提案

划方面的咨询时，以下三个平台能为巴黎重大城市发展项目辩论提供空间：巴黎东部边界贝尔西·沙伦顿再开发项目（Bercy-Charenton），圣万森德保尔医院项目（Saint-Vincent-de-Paul）以及巴黎东北部再开发项目（Paris Nord-Est）。最近的一个项目，沙邦礼拜堂公园项目（Chapelle-Charbon）的开发促成了关于可视化平台的实践（见图 5.8）。受《模拟城市》游戏的启发，这个平台使提议布局安排、预估开发成本并在社交网络上分享这个提案成为可能。此外，借此可以编写关于该提案的文本，也可支持其他项目。这个倡议很有趣，但需要注意的是，虽然未来的戴高乐机场快线也出现在平台的背景选项中，但是还不能对选线提出建议。因为目前该平台还不能对地下空间进行虚拟设计。

图 5.8 沙邦礼拜堂公园可视化平台

因此，技术手段的持续更新表明这是一个长期的创新过程。这一过程所进行的连续实践，也涉及市政机构自身定位的演变。

5.3.4 创造一个新的数字工具：参与式案例

5.3.4.1 新工具的引用和数字化

每年一月至三月期间，巴黎市民可以在特定网络平台发布任何关于巴黎发展的构想。这种技术手段的形式体现相当开放的思维。对应的网站类似于众创平台或参与式地图，使互联网用户能够在不一定拥有账户的情况下看到各种构想，但允许他们创建一个无需核实身份、地址或年龄的账户后，一旦确定就可以参与进去。该平台的使用相对简单，人机交互比较友好，并在提交提案时提供支持。提案首先需要说明的是：相关地区；希望提交想法的人的身份（个人或集体）；项目目标；描述和准确位置。然后，要求对项目进行评估、尽可能多的实证、预估社会影响、估算项目成本等。

该平台还允许用户对项目点赞和评论。浏览提案时，这些信息以及标题、描述的第一个词、位置、提交日期和作者姓名都可以一目了然。对网站使用情况的观察揭示了投稿人之间的某种互动，他们可以提出改进、改变或巩固项目的建议。此外，平台的主持人还可以建议更改或邀请投稿人参加其中一个支持会议。这种线上和线下资源协调的过程反映在平台上，使得人们在整个构思期间能够修改和明确想法。

在创意收集阶段（2015 年共收集 5115 个创意）之后，市政当局检查这是否符合巴黎人民的能力，并与投资而不是业务预算相对应。然后，市议会研究经过验证的提案的可行性（2015 年约为 2000 项），并提出分组建议。最后，在每个区，由相关部门官员和居民组成的委员会选择项目，并确保符合市政项目要求（例如，在该市修建高速公路被拒绝），或者在资金已到位的情况下进行重复投资（例如，用于国家广场或巴士底狱广场的升级）。在确定预算后，该项目将在网站上公示。对于每一次拒绝，项目所有者，无论是匿名的还是实名的，都会收到一条合理的回复。

5.3.4.2 多次拨款

参与式预算的经验正在给巴黎的地方民主带来复兴。但人们应该明白安娜·伊达尔戈“给公民预算钥匙”的愿望是有限的，因为提交投票的项目是经过过滤的。特别是因为95%的投资预算和100%的运营预算仍然掌握在市政部门手中。

对于2015年版，入选的项目比2014年更加多样化。我们特别注意到一个旨在“向困难人群提供援助”的项目，该项目似乎与2014年入围的项目的基调脱节。事实上，在第一版中，环境保护和公共空间升级的主题在很大程度上符合主流城市规划。因此，该工具的使用使其有可能偏离管理机构的既定发展路径，中产阶级化越来越强，导致社会弱势群体被排斥在社会体系之外，从而导致巴黎的社会不稳定状况发生。巴黎2014—2016年参与性预算比较见表5.4。巴黎地区获胜项目（2015年）见表5.5。

表5.4 巴黎2014—2016年参与性预算比较

年份	2014年	2015年	2016年
提交给平台的想法	不可能	5115（47%来自巴黎，53%来自其他地区）	3358（23%来自巴黎，77%来自其他地区）
选定进行投票的项目	15个巴黎项目	77个巴黎项目；547个其他地区项目	37个巴黎项目；585个其他地区项目
获胜项目	9	188（8个巴黎项目）	219（11个巴黎项目）

续表

年份	2014 年	2015 年	2016 年
选民人数	40745	66867	92809
投票人数量（占比）	24002（59%）	41436（62%）	信息不可用
总体预算	1800 万欧元	7500 万欧元	9400 万欧元

表 5.5　巴黎地区获胜项目（2015 年）

项目名称	票数	预算（百万欧元）
1. 在赛道上，还有更多的自行车设施	15632	8
2. “步行者的巴黎”	14718	8
3. “向处境危险的人提供援助”	13604	4.4
4. “重新征服内环”	11575	7.5
5. “在城市中耕耘”	11356	2.3
6. “无声、无污染的清洁设备”	9937	1
7. “全巴黎的饮水机”	9571	2
8. “每一层都是绿色的”	9481	2

在地区层面，情况更加不同，不同的政策选择取决于他们是否属于市政多数派。因此，第 13 区市议会（法国社会党）向相关技术方法拨款近 350 万欧元，是第 7 区市议会（左翼联盟）的 175 倍，后者只提供 2 万欧元。拨款的多少不是固定的，巴黎市政府的激励制度为其提供了一半资金。经过对各区选票的观察还发现不同地区甚至同一个地区内的公共拨款水平可能有所不同。在社会差距很大的第 18 区，可以看到，像古得多（Goutte d'Or）或沙佩勒（Chapelle）这样的贫困社区动员的资金比其他富裕社区（如蒙马特希尔）要少，因此蒙马特希尔成功地提出了获胜的项目，这与空间正义的挑战完全相反。同样，某些主题也是有效组织的群体（如学生家长）动员的对象。例如，在第5区，翻修一所托儿所的项目以不到300票（占该区人口的0.5%）被选中，但仍产生了20万欧元的支出。2016年版帮助回应了其中一些批评，为贫困社区提供了3000万欧元（增加了1500万欧元）的具体预算，为学校提供了1000万欧元的专项预算。时间将证明，这种适应和学习能力是否能够重新平衡权力关系，并且可以通过不同社会群体应用新的技术手段来实现。

最后，在观察了巴黎市议会对数字技术的各种使用之后，使用参与式方法的公民数量并无明显增长。然而，尽管居民委员会等传统机构经常被描绘成死气沉沉，但这仍是一种可以更新的公众参与手段。另外，传统机构的性质也发生了变化，不再那么具有对抗性，而变得更有分寸，拥有更大的决策权。由于目前的使用仍在不断改变和发展，因此长期观察它们将是有必要的。

5.4 让规划的协作里程碑变得有效的新工具

与规划有关的理论辩论表明了不同方法的趋同性和清晰度。根据作者的不同，这次理论会议有不同的形式：阿兰·莫特（Alain Motte）使用了术语“空间化战略规划”，威廉·萨莱（Willem Salet）和安德烈亚斯·法鲁迪（Andreas Faludi）想到了战略空间规划的复兴，最后帕齐·希利谈到了协作规划、战略计划或新的战略空间规划。

这种规划的实际应用提出了一个问题，即如何以空间化的方法清楚地表达战略和沟通方面的问题，而且很难真正开放规划过程。

> 怎样才能从这样开放的过程中形成一个战略呢？它需要有能力在问题是什么、行动的目的以及应如何评估行动的后果、成本和收益等问题上达成某种协议。但它也代表着集体想象可能的行动路线以及这些行动可能实现的目标的壮举。根据这些新想法制定战略涉及从各种可能性中进行选择性的合作努力并改进选定的战略，使其在资源分配和监管权力的操作上以及在一般理解方面都有意义。

随着在私人和市政领域的加强，数字技术的出现不仅给地方管理机构带来了挑战，同时也为采用更具协作性和参与性的规划管理方法提供了机会。

5.4.1 参与者：在专家角色的背后，是城市规划师作为数字中介人的演变

城市技术手段的发展改变了规划参与者和利益相关者之间的关系。然后我们发现了与利益相关者对话的经典挑战之一。在不确定

的背景下，朱迪思·英尼斯坚持参与者之间的协商，他们代表着在场人员的各种利益，制定了区域规划或立法文本。

> 当有多个目标时，规划需要协商或调解；当实现目标的手段不确定时，需要适应性的方法来促进边做边学；当目标和手段都不确定时，需要领导或社会学习策略。只有当社会知道如何完成一项任务并就单一目标达成一致时，自上而下的监管才是合适的。

尽管数字技术的使用成为参与者们对话的核心，但这对城市规划师的角色也提出了质疑。当切换到基于沟通的计划时，理性模型专家应该让位于谈判者。随着数字技术的发展，规划师必须能够与他们开发和使用的工具保持距离。因此，这需要一种反身性的实践。事实上，规划师的技能必然会发展，最终具备与技术环境和收集的源数据交互的能力。因此，城市规划者比以往任何时候都更像是一名调解人，陪伴着用户学习，组织辩论，并最终成为技术方法功能的保证人，特别是后台部分，尽管用户看不见，但这一部分同样不可或缺。

最后，参与方法的数字维度面临着与传统技术挑战类似的挑战。这些平台是公共行动治理的工具，因此需要支持才能被公众和社会团体使用。

5.4.2 过程和方法：从平台到参与式城市规划

数字平台的发展为发起集体实践和创新提供了新的机遇：

> 如今与居民共建和共同构思的观念取代了本世纪初公共政策的参与和协商的观念。为此，数字技术被用作创新和现代化居民“承诺方法”的解决方案。

弗郎索瓦丝·韦恩特罗普（Françoise Waintrop）指出了公共政策周期的转变，它将从“项目、决策、生产、评估”转向一个新的周期，也就是所谓的“共同设计、共同决策、共同生产、共同评估”。然后，我们可以思考传统参与规模的演变这一问题，比如雪莉·阿恩斯坦（Sherry Arnstein），自那以后，从业者，特别是理论家，一直在不断地讨论这一问题。数字技术方法的参与规模见表 5.6。

表 5.6 数字技术方法的参与规模

	参与类型	活动	平台实例
共同决策	8. 协商	辩论和投票	民主党操作系统
	7. 深思熟虑	法律或程序设计	政府就“数码共和国”条例草案进行咨询
贡献	6. 协同设计	协同构建数字平台	黑客马拉松
	5. 合作关系	项目共建与决策共享	参与式预算
咨询	4. 咨询	调查	网上投票
	3. 沟通	通过信息交换进行对话	聊天、闲逛

续表

	参与类型	活动	平台实例
信息	2. 信息 2.0	自下而上的沟通，可以发表言论或作出反应	社会网络
	1. 信息 1.0	自上而下的信息，不可进行通信	时事通信

然而，如果该机构没有明确的愿景和能力（技术和财政支持）来监督和规范参与的过程，那么实现向政府平台的过渡会带来一些风险，市民将有机会挪用这些参与性的工具，比如编程马拉松。但实际上，私人参与者也经常加入。因此，创新项目正在发展，且越来越多地建立与大型城市规划私人集团的众多合作伙伴关系，如在巴黎案例中的奈克西帝房地产公司（Nexity）、万喜集团（Vinci）或苏伊士环境集团（Suez）。如果没有清晰的愿景，政府管理部门可能会发现自己处于一个更加自由化的城市的准旁观者位置。这种边缘化的风险是一种新的数字鸿沟，它不再只涉及不掌握这些新工具的公民，而且还涉及将技术接口的开发和管理委托给私营提供商的机构。虽然城市技术为私营部门提供了增长前景，但地方政府机构面临的挑战是能够利用这些工具并使其适应其特殊性，否则它们有可能陷入“优步化”的境地，即被新的工具超越，这将进一步降低政府管理部门的权威性。

此外，我们应该关心这些技术手段的效果问题。事实上，这些工具的数字化并没有改变各方面力量的平衡。所以如果我们遵守了同样的限制，往往会造成公众审议和最终决定之间的脱节。这限制了参与者的兴趣，特别是因为公众经常被限制在很小的范围辩论。因此，很多有争议的项目都不是协商的主题（参见上文沙邦礼拜堂公园可视化平台上的例子，该平台去掉了可能服务于机场的铁路线天桥的议题）。然后，工具的技术发展倾向于加强参与式过程的游戏化，在这种过程中，冲突通过描绘出的技术设计来解决，这种技术设计有助于产生理性化与平和的论点。

最后，无论数字化与否，在交换条件平等以及达成共识的可能性的前提下，能够交换理性论点的对话式城市规划问题仍未得到有效解决。

5.4.3 实例：寻找公众

通过参与性使用数字技术开发项目的目的是向广大的参与者敞开大门。的确，通过这种协作方法我们初步发现，集体智慧本质上是分散式和碎片化的。因此，任何规划都必须以广泛动员公众参与为基础。然后，规划通过参与者之间的对话和交流产生一个集体智慧的过程。这种持续学习的集体过程基于参与者之间的互动：“决策过程中复杂的互动和沟通本身就是结果的一部分，因为它们改变了参与者以及参与者的行动和反应。”

这就提出了一个问题，即是否有能力找到参与者，并随着时间的推移在在线应用程序、论坛、地图或辩论中动员他们。从这些平台的运作角度来看，必须确保平台不是太复杂，但也要足够复杂，以确保高水平的参与。巴黎地方城市发展规划的案例表明，可动员的公民并不是很多，而且无论如何，参与的程度都低于采用传统的方法，因为传统的参与方法有许多手段，以确保收集和处理许多问卷。从这个意义上说，智慧城市也可以作为新的公共管理或紧缩政策的模式和触发点之一。

数字技术的贡献不一定总是定量的，而是定性的，允许一个更连续的过程。然而风险在于，这些数字工具无法应对参与过程中受众多样化的挑战，甚至无法通过开发更多先进技术方法来吸引那些传统上对新技术应用有排斥的人群。

5.5 总结

地方管理机构对城市技术工具的应用成为一种新兴趋势，这给提升城市规划协作效率提供了一个机会，并将其确立为一种开源的实践。目前这种方法是理论分析中的主导范式，但当面对技术逻辑和地方权力的实际时，它仍需力求具体化。

然而，只有在这些新平台找到其用武之地的前提下，这一设想才有可能实现，否则毫无悬念，消息最灵通和最聪明的那些市民和组织必将找到影响城市发展机制的其他方式。

除了这些重要参与者的问题外，各管理机构面临的挑战还包括与城市数字化的其他参与者之间的权力平衡，以防数字干扰的出现，使公共领域在城市发展机制中的作用边缘化。我们在结论中看到，在地区层面，权力关系的多样性将如何使数字城市规划的多元特征成为可能。

6

结　论

除了对智慧或数字城市的研究外，本书的目的是分析数字技术对城市规划参与者、规划方法和过程的影响。不是要呈现一本“数字城市规划手册”，而是要探讨城市规划实践中的数字化转型问题。该方法通过聚焦城市发展，较少地关注规划和项目内容的实质层面，更多地关注了程序层面的内容。研究结果是围绕城市规划数字化的四个典型方面提出的，它们构成了城市规划理论方法演进的假设。

6.1　互动和进化的典型方面

这里主要涉及由数字资源所引发的城市和城市规划的转变。因此，基于马克斯·韦伯（Max Weber）的观点，它们通过突出某些特征进而具有典型的理想功能。他们的目的更多的是开启思辨，而不是提供明确的答案，该过渡是一个动态的过程。

第一种可能的观点是通过使用大数据、算法处理和智能网络来构建智慧城市。算法或智慧城市规划为战后时期的理性方法赋予了新的活力，并适应新的发展，继续作为主流的规划方法。

第二种可能性是，随着平台的发展，城市被“优步化”，通过市场恢复共享文化，这些参与者绕过并挑战传统的城市规划场景。对公共和私营部门之间平衡的探讨，为“优步化”城市规划更新由私人行为者主导的战略方法铺平了道路。

第三个视角是公众对数字资源的使用。城市的动态变化，向城市规划机构提出挑战，并尝试提出替代模式。更好的沟通可以形成集体智慧，从而形成一种由公众共同构建的维基形式的城市规划。

第四个方面确定了管理机构对这些数字资源投入专款的可能性。这可以引入城市发展过程，从而勾勒出开放源码城市规划的道路，试图使城市规划的参与方式转变更有效，因为它是规划理论文献中的主导范式。

数字城市规划的典型方面见表 6.1。

表 6.1　数字城市规划的典型方面

	“算法化”城市规划	“优步化”城市规划	“维基化”城市规划	“开源化”城市规划
规划类型	区域规划	战略规划	沟通式规划	协作式规划

续表

	“算法化”城市规划	“优步化”城市规划	“维基化”城市规划	“开源化”城市规划
主要参与人	个人或/和公众	个人	公众	管理机构和公众
规划人员	工程师	创新者	业余爱好者、极客	数字技术中介人
价值导向	理性	市场	协商	公众广泛参与
目标	效率、可持续性、可控	创新、扰乱、利润	社交性，非传统管理和城市模式	参与，新的合法性和行动能力
方法	数据挖掘与算法	数据挖掘与算法	众创和集体审议	众创，控制或参与，集体审议
技术手段	闭合控制平台	市场，“协同”和闭合平台	非市场，“协同”，开发共建平台	“参与式”，限时开发共建平台

这些假设对应于数字城市规划的典型方面，并不详尽，因为它们特别提出了可能的主要选择。因此，这些典型方面之间的联系和限制并不总是清晰的。事实上，这些方面在各自的地域翻译中相互影响，相互重叠。例如，大数据在不同的模型中被广泛使用，并且可以与不同的城市规划方法相关联。为了表现这些相互作用，用多米尼克？布利耶（Dominique Boullier）的话说，我们建议使用数字罗盘。在我们自己的逻辑关系示意图（见图 6.1）中，我们将定位不同形式的数字城市规划。第一种视角区分了利害关系中的参与者

和利益，从制度性到非制度性（私人或公民领域）。第二种方法涉及从打开到关闭的技术工具。通过对逻辑关系图的检查，我们可以识别不同方法之间的区别，以及它们在与参与者和平台相关的角度上的定位，例如，维基和开源城市规划都质疑个人在城市发展中的角色，因此共享相当开放的平台的使用。

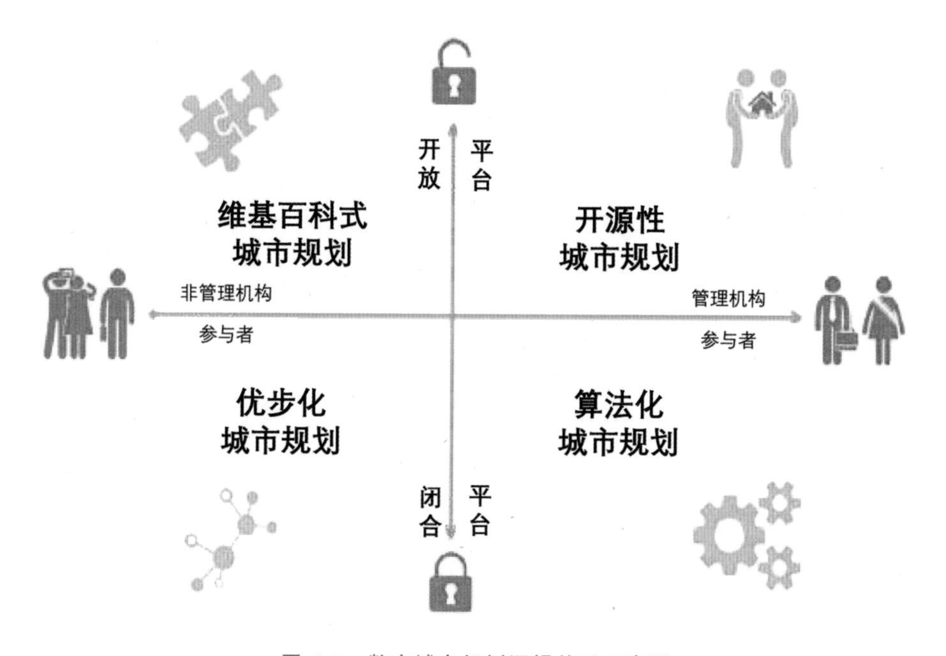

图 6.1 数字城市规划逻辑关系示意图

地方层面的实践可追溯到地区配置，其中一个典型方面不会盖过所有其他方面。数字城市的这种具体化身的多样性是城市参与者多元化的动态的一部分。事实上，不同的利益相关者提出了数字城市及其发展过程的具体化身，这些具体化身与其他表征和化身并存。因此，在大多数城市中，可以识别共存并相互作用的所有方面。所以这种复杂性涵盖了不同类型的理论影响。朱迪思·英尼斯（Judith Innes）和朱迪思·格鲁伯（Judith Gruber）已经从旧金山交通委员会的案例中观察到了这些相互作用甚至冲突的不同规划方法之间的邻近效应。

这种不同方法的并存可以与渐进式规划理论相比较。这被认为是对理性做法批评的务实回应。渐进主义提出了“单独的循序渐进”计划，这涉及通过试错来做出连续的决定。因此，每一项决定都是基于前一项决定的结果，这使得对决策的持续审查成为可能。这种方法论的方法能够更好地适应上下文的演变。然而，对要实现的目标缺乏整体的反思。典型城市与数字规划方面的衔接见图 6.2。

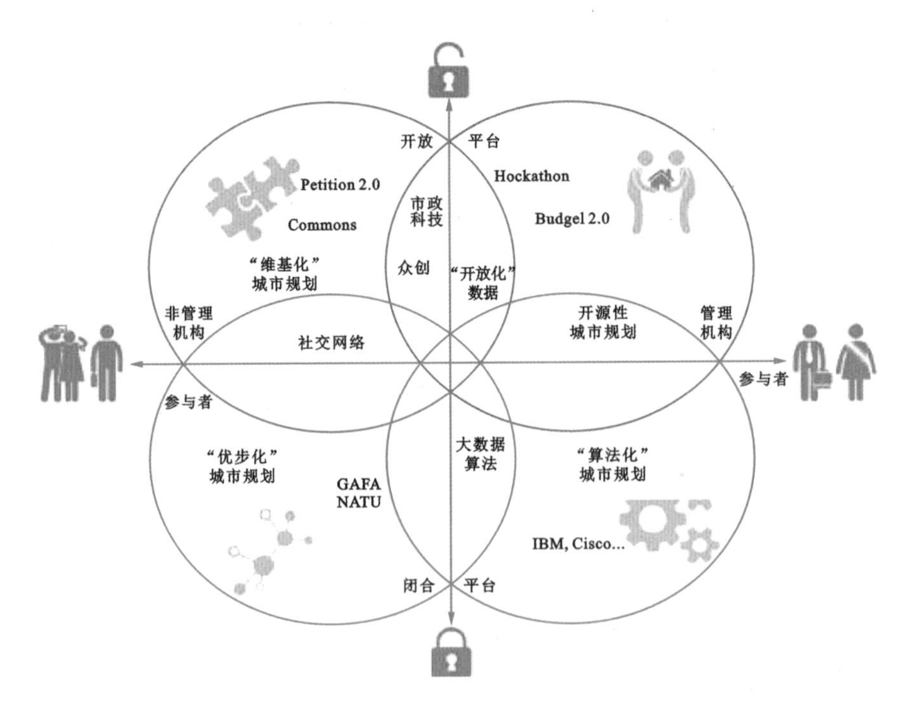

图 6.2　典型城市与数字规划方面的衔接

因此，正是根据地方权力关系，每个城市或地区在空间规划和发展中建立了数字使用的地方配置。事实上，地方配置对应于不同类型的行为者在时间和空间上的特定安排。在巴黎大都市的案例中，我们可以找到不同类别的参与者（技术、私人、公民和机构），它们说明了数字技术影响的多样性。从算法城市规划的角度，我们观察了主要城市服务运营商在日常管理中使用大数据的情况，以及为更好地定义公共空间规划策略而出现的新用途。此外，城市规划的优步化已被提上政治议程，对优步或爱彼迎等共享平台的监管提出了挑战，这些挑战具有重大的影响。此外，从网上市民实践的角度来看，我们发现动员起来反对所谓的“无用”的大型项目，是寻找城市发展的另一种可能性。当然，管理机构会开发参与性平台。这一维度甚至被该市的管理和技术人员特别强调，认为它构成了一个新的城市身份。数字技术似乎在城市管理中越来越重要，尽管它几乎没有规定性的价值，但它具有不同的维度，是公共战略的目标。

最后，在巴黎和其他城市一样，城市规划的数字化指的是利益相关者之间的权力平衡，因此每个地区都是独一无二的。在巴黎，参与的机构用途占主导地位；而在马斯达尔，技术方法侧重于可持续性；同样，在新加坡，技术方法在以控制和监测为标志的政治背景下更具体地考察城市管理的有效性；最后，在底特律，数字技术可以支持公众重新配置城市资源。本书以大量实例进行探索，除此之外，还需要在城市案例研究的层面研究典型方面之间的相互作用，以便更好地理解特定区域和社会政治背景下权力关系的复杂性。巴黎和新加坡数字城市规划典型方面示意图见图 6.3。

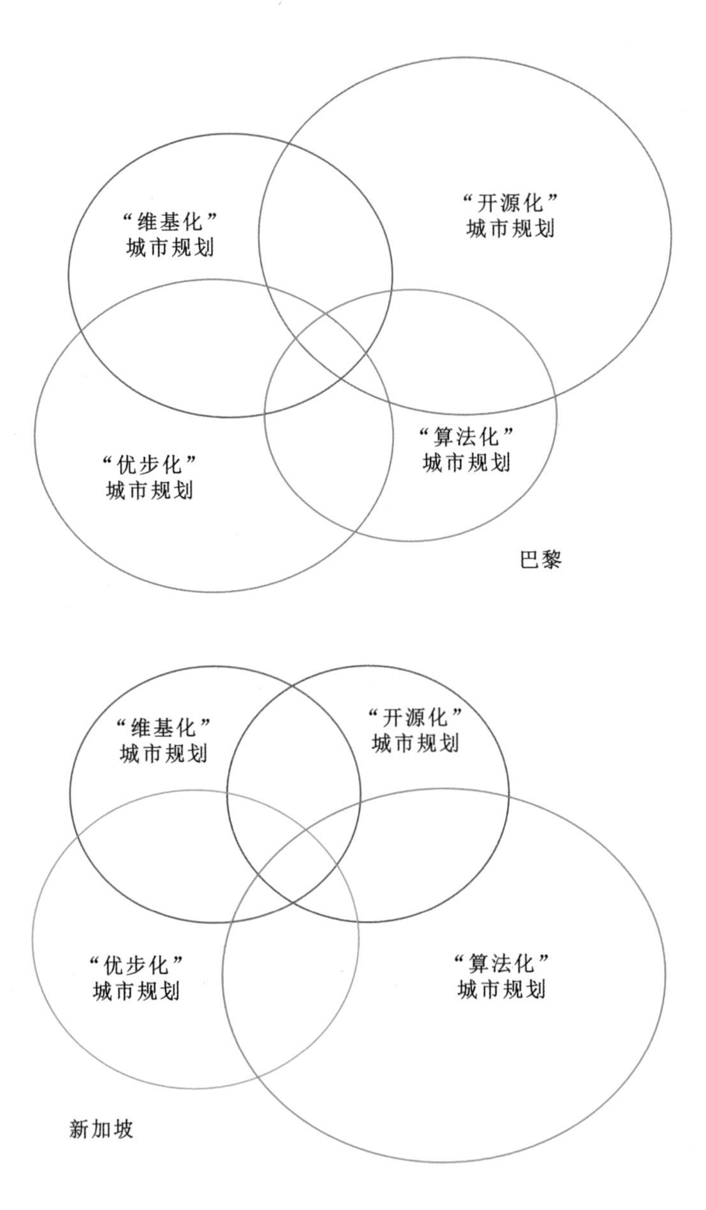

图 6.3　巴黎和新加坡数字城市规划典型方面示意图

6.2 数字城市（城市规划转型实验室）的发展前景

数字技术发展前景是多方面的，包括：效率、控制、增长、可持续性、弹性、团结、透明度或参与等。数字技术以城市和城市规划转型实验室的形式出现。事实上，理论的演变，特别是城市规划实践的发展，是反复交流的主题："规划迫切需要对现有方法进行批判性辩论，寻找新的方法——我们不应该试图阻止辩论……。在土地利用规划和空间规划之外，很可能会有更先进的替代方案"。在当代数字城市规划转型争论中，数字技术并不是唯一的主题，但它是一个有趣的路径。因为它影响到所有的参与者，使我们能够对城市规划的过程和实践进行评估。

不同的典型方面可以引发进一步的研究。对于算法城市规划，从技术角度看大数据、算法和其他区块链在规划和项目开发中的使用将是相关的。与数字城市相关的可持续性和恢复力，也应该通过对开发的项目进行详细研究来调查。此外，从政治角度来看，在构建新的治理形式时，也可以更清晰地观察到利用大数据和新兴形式的复合信息的使用，可能会强化地方保护和公众监管，使之认为效率更高。

对于"优步化"的城市规划来说，关于"合作"平台的控制和整合到区域战略中的争议值得更多关注。这涉及在这些平台和机构之间的力量平衡被破坏和演变之后会发生什么。大城市之间的合作以提供协调一致的反应似乎是一个有趣的研究课题。比较法，可以对这些新参与者提出不同的政治姿态。

随着维基城市规划的出现，公众对数字技术的使用不会停止，在不同的社会政治背景下进行评价是合适的。这些用途的制度化和范围问题，似乎一直是城市规划数字化转型的核心问题，值得关注，特别是在研究这种集体智慧的构建和管理机制方面。

最后，我们可以想象，机构对参与性平台的使用将继续下去，并且这些实践将变得越来越占主导地位。有必要去探索其动机、技术、政策，特别是对空间公平挑战的影响。

除了构成这本书的四个典型方面之外，这座城市还有其他数字问题值得研究。我们可以将数字技术视为公共政策的交叉对象，超越城市规划的具体问题，首先也是最重要的，是创新支持政策。此外，我们不能忘记漏洞或黑客攻击的风险，这可能会使一个依赖技术的数字城市变得脆弱。

最后，城市规划的数字化转型，引发了关于城市规划师培训的问题。它不仅仅是一个额外的网络，它的知识必须整合到规划者的生存工具包中，以便与区域、规划和项目的形式很好地结合起来。数字技术改变了我们与世界的关系，从而也改变了城市规划的实践。因此，规划教学可能会引发如何整合这些新维度的问题。这涉及研究新的数字参与者及其在阅读治理动态方面的影响。现有的数据在规划制定过程中不断发展和改变方法。最后，更广泛地说，数字技术正在改变我们与世界的关系，与此同时，城市规划参与者的专业和政治姿态也在改变。

未来将会告诉我们，我们的城市和地区所经历的逐步数字化是否会达到预期目标。无论这些新出现的变革规模如何，我们都可以假设，这将是未来几代城市规划师实践和培训演变的核心要素。

参考文献[1]

[AKR 91] AKRICH M., "L'analyse socio-technique", in VINCK D. (ed.), *La gestion de la recherche*, De Boeck, Brussels, 1991.

[ALB 03] ALBRECHTS L., HEALEY P., KUNZMANN K., "Strategic spatial planning and regional governance in Europe", *Journal of the American Planning Association*, vol. 69, no. 2, pp. 113-129, 2003.

[ALB 15] ALBRECHTS L., "Ingredients for a more radical strategic spatial planning", *Environment and Planning B: Planning and Design*, vol. 42, no. 3, pp. 510-525, 2015.

① 为尊重原书版权，均参考原书格式。

[ALE 97] ALEXANDER E. R.，“A mile or a millimeter? Measuring the “planning theory-practice gap””，*Environment and Planning B：Planning and Design*，vol. 24，no. 1，pp. 3-6，1997.

[ALL 02] ALLMENDINGER P. P.，TEWDWR-JONES M. (eds)，*Planning Futures：New Directions for Planning Theory*，Routledge，London，2002.

[ALL 09] ALLMENDINGER P. P.，*Planning Theory*，2nd ed.，Palgrave Macmillan，London，2009.

[ALL 10] ALLMENDINGER P. P.，HAUGHTON G.，“The future of spatial planning：why less may be more”，*Town and Country Planning*，pp. 326-328，July 2010.

[ANT 17] ANTHOPOULOS L.，*Understanding Smart Cities：a Tool for Smart Government or an Industrial Trick?*，Springer，Basel，2017.

[ARG 16] ARGYRIOU I.，“Planning the smart city in China：key policy issues and the case of dream town in the city of Hangzhou”，*Conférence IW3C2*，Montreal，April 2016.

[ARG 16] ARGYRIOU I.，DOUAY N.，“Planning the smart city in China：key policy issues and the case of dream town in the city of Hangzhou”，*Conférence IGC*，Beijing，August 2016.

[ARI 10] ARIFON O.，LIU CHANG L.，SAUTEDÉ É.，“Société civile et Internet en Chine et Asie orientale”，*Hermès*，no. 55，2010.

[ARN 69] ARNSTEIN S. R., "A ladder of citizen participation", *Journal of the American Institute of Planners*, vol. 35, no. 4, pp. 216-224, 1969.

[ARR 15] ARRIBAS-BEL D., KOURTIT K., NIJKAMP P. P. *et al.*, "Cyber cities: social media as a tool for understanding cities", *Applied Spatial Analysis and Policy*, vol. 8, no. 3, pp. 231-247, 2015.

[ARS 11] ARSÈNE S., *Internet et politique en Chine*, Karthala, Paris, 2011.

[ARS 13] ARSÈNE S., "Vers une recomposition des pouvoirs: Internet et réseaux sociaux", *ERISCOPE Puissance*, available at: http://ceriscope. sciencespo. fr/puissance/content/part6/vers-une-recomposition-des-pouvoirs-internet-etreseaux-sociaux, 2013.

[AUR 00] AURAY N., Politique de l'informatique et de l'information. Les pionniers de la nouvelle frontière électronique, PhD thesis, EHESS, 2000.

[BAC 10] BACQUÉ M. H., SINTOMER Y., *La démocratie participative inachevée. Genèse, adaptations et diffusions*, PUF, Paris, 2010.

[BAC 11a] BACACHE-BEAUVALLET M., BOUNIE D., FRANÇOIS A., "Existe-t-il une fracture numérique dans l'usage de l'administration en ligne ?", *Revue économique*, vol. 2, no. 62, pp. 215-235, 2011.

[BAC 11b] BACQUÉ M. H., GAUTHIER M., "Participation, urbanisme et études urbaines. Quatre décennies de débats et d'expériences depuis 'A ladder of citizen participation' de S. R. Arnstein", *Participations*, vol. 2011/1, no. 1, pp. 36-66, 2011.

[BAC 13] BACQUÉ M. H., MECHMACHE M., Pour une réforme radicale de la politique de la ville. Ça ne se fera plus sans nous. Citoyenneté et pouvoir d'agir dans les quartiers populaires, Report, Paris, 2013.

[BAD 14] BADOUARD R., "La mise en technologie des projets politiques. Une approche "orientée design" de la participation en ligne", *Participations*, vol. 2014/1, no. 8, pp. 31-54, 2014.

[BAR 97] BARTHE Y., CALLON M., LASCOUMES P., "Information, consultation, expérimentation: les activités et les formes d'organisation au sein des forums hybrides", *Risques collectifs et situations de crise*, Proceedings, École Nationale Supérieure des Mines, Paris, June 1997.

[BAR 01] BARTHE Y., CALLON M., LASCOUMES P., *Agir dans un monde incertain. Essai sur la démocratie technique*, Le Seuil, Paris, 2001.

[BAR 11] BARAUD-SERFATY I., "La nouvelle privatisation des villes", *Esprit*, nos 3-4, pp. 49-167, 2011.

[BAT 12] BATTY M., AXHAUSEN K. W., GIANNOTTI F. *et al.*, "Smart cities of the future", *European Physical Journal*

Special Topics, vol. 214, no. 1, pp. 481-518, 2012.

[BAT 13] BATTY M., "Big data, smart cities and city planning", *Dialogues in Human Geography*, no. 3, pp. 274-279, 2013.

[BAT 16] BATTY M., "How disruptive is the smart cities movement", *Environment and Planning B: Planning and Design*, vol. 43, no. 3, pp. 441-443, 2016.

[BEA 12] BEAUDE B., *Internet: changer l'espace, changer la société: les logiques contemporaines de désynchronisation*, FYP, Paris, 2012.

[BEL 15] BELOT L., *La déconnexion des élites. Comment Internet dérange l'ordre établi*, Les Arènes, Paris, 2015.

[BEN 04] BEN YOUSSEF A., "Les quatre dimensions de la fracture numérique", *Réseaux*, nos 127-128, pp. 181-209, 2004.

[BER 08] BERNERS-LEE T., "The web does not just connect machines, it connects people", *Knight Foundation Conference*, available at: http://webfoundation.org/about/community/transcript-of-tim-berners-lee-video/, September 2008.

[BER 15] BERROIR S., DESJARDINS X., FLEURY A. *et al.* (eds), Lieux et hauts-lieux des densités intermédiaires, Report, PUCA, 2015.

[BLO 02] BLONDIAUX L., SINTOMER Y., "L'impératif délibératif", *Politix*, vol. 15, no. 57, pp. 17-35, 2002.

[BLO 08] BLONDIAUX L., *Le nouvel esprit de la*

démocratie. Actualité de la démocratie participative, Le Seuil, Paris, 2008.

[BOL 99] BOLTANSKI L., CHIAPELLO E., *Le nouvel esprit du capitalisme*, Gallimard, Paris, 1999.

[BOU 00] BOULLIER D., *L'urbanité numérique - Essai sur la troisième ville en* 2100, L'Harmattan, Paris, 2000.

[BOU 14] BOULLIER D., CRÉPEL M., "Vélib′ and data: a new way of inhabiting the city", *Urbe Brazilian Journal of Urban Management*, vol. 6, no. 1, pp. 47-56, 2014.

[BOU 15] BOULLIER D., "Les sciences sociales face aux traces du big data. Société, opinion ou vibrations ?", *Revue française de science politique*, vol. 65, no. 5, pp. 805-828, 2015.

[BOU 16] BOULLIER D., *Sociologie du numérique*, Armand Colin, Paris, 2016.

[BOY 12] BOYD D., CRAWFORD K., "Critical questions for big data", *Information, Communication and Society*, vol. 15, no. 5, pp. 662-679, 2012.

[BRI 14] BRISCOE G., MULLIGAN C., Digital innovation: the Hackathon phenomenon, Creativeworks London working paper no. 6, available at: http://www.creativeworkslondon.org.uk/wp-content/uploads/2013/11/Digital-Innovation-The-Hackathon-Phenomenon1.pdf, 2014.

[BRY 87] BRYSON J., ROERNING W., "Applying private

sector strategic planning in the public sector", *Journal of the American Planning Association*, vol. 53, no. 1, pp. 9-22, 1987.

[BUS 10] BUSQUET G. *et al.*, "La démocratie participative *à* Paris sous le premier mandat de Bertrand Delanoë (2001-2008): une nouvelle "ère démocratique" ?", in BACQUÉ M. H., SINTOMER Y. (eds), *La démocratie participative inachevée: genèse, adaptations et diffusions*, Yves Michel and ADELS, Paris, 2010.

[CAR 09a] CARAGLIU A., DEL BOY C., NIJKAMP P., Smart cities in Europe, Series Research Memoranda 0048, VU University Amsterdam, Faculty of Economics, Business Administration and Econometrics, 2009.

[CAR 09b] CARDON D., LEVREL J., "La vigilance participative. Une interprétation de la gouvernance de Wikipédia", *Réseaux*, vol. 154, no. 2, pp. 51-89, 2009.

[CAR 10] CARDON D., *La démocratie Internet*, Le Seuil, Paris, 2010.

[CAR 13a] CARDON D., "Dans l'esprit du PageRank. Une enquête sur l'algorithme de Google", *Réseaux*, vol. 31, no. 177, pp. 63-95, 2013.

[CAR 13b] CARDON D., GRANJON F., *Médiactivistes*, 2nd ed., Les Presses de Sciences Po, Paris, 2013.

[CAR 14a] CARMÈS M., NOYER J. M., "Introduction", in CARMÈS M., NOYER J. M. (eds), *Devenirs urbains*, Presses des

Mines, Paris, 2014.

[CAR 14b] CARMÈS M. , NOYER J. M. , "L'instauration de la transition énergétique dans le Nord-Pas de Calais", in CARMÈS M. , NOYER J. M. (eds), *Devenirs urbains*, Presses des Mines, Paris, 2014.

[CAR 14c] CARTA M. , "Smart planning and intelligent cities: a new Cambrian Explosion", in RIVA SANSEVERINO E. , RIVA SANSEVERINO R. , VACCARO V. *et al*. (eds), *Smart Rules for Smart Cities. Managing Efficient Cities in Euro-Mediterranean Countries*, Springer, Basel, 2014.

[CAR 15a] CARDON D. , *A quoi rêvent les algorithmes. Nos vies à l'heure des big data*, Le Seuil, Paris, 2015.

[CAR 15b] CARDON D. , CASILLI A. , *Qu'est-ce que le Digital Labor?*, INA Éditions, Paris, 2015.

[CAS 01] CASTELLS M. , *The Internet Galaxy: Reflections on the Internet, Business, and Society*, Oxford University Press, Oxford, 2001.

[CAS 10] CASILLI A. , *Les liaisons numériques. Vers une nouvelle sociabilité ?*, Paris, Le Seuil, 2010.

[CHA 98] CHARZAT M. , *Le Paris citoyen: la révolution de la démocratie locale*, Stock, Paris, 1998.

[CHE 13] CHENG Y. , "Collaborative planning in the network: consensus seeking in urban planning issues on the Internet -

the case of China", *Planning Theory*, vol. 12, no. 4, pp. 351-368, 2013.

[CHI 13] CHIGNARD S., *L'Open data: Comprendre l'ouverture des données publiques*, FYP Éditions, Paris, 2013.

[CHO 65] CHOAY F., *L'Urbanisme, utopie et réalité*, Le Seuil, Paris, 1965.

[CHR 97] CHRISTENSEN C., *The Innovator's Dilemma: When New Technologies Cause Great Firms to Fail*, Harvard Business Review Press, Cambridge, 1997.

[COS 15] COSSART P. P., TALPIN J., *Lutte urbaine. Participation et démocratie d'interpellation à l'Alma-Gare*, Éditions du Croquant, Vulaines-sur-Seine, 2015.

[COU 16] COURMONT A., Politiques des données urbaines. Ce que l'open data fait au gouvernement urbain, PhD thesis, Institut d'études politiques de Paris, 2016.

[DAN 13] DANIELOU J., MENARD F., L'art d'augmenter les villes (pour) une enquête sur la ville intelligente, Report, PUCA, 2013.

[DAN 14] DANG N. G., DEJEAN S., *Le Numérique. Économie du partage et des transactions*, Economica, Paris, 2014.

[DAU 79] DAUMAS M., *Histoire générale des techniques*, vols 1-5, PUF, Paris, 1979.

[DEB 16] DEBRIE J., DOUAY N., "Aménager et

équipement. La politique des grandes infrastructures", in DESJARDINS X., GÉNEAU I. (eds), *L'aménagement du territoire*, La Documentation française, Paris, 2016.

[DEF 17] DE FERAUDY T., SAUJOT M., "A more sustainable and contributive city: urban crowdsourcing and digital citizen participation", *IDDRI*, no. 4, available at: http:// www. iddri. org/Publications/Une-ville-plus-contributive-et-durable-crowdsourcingurbain-et-participation-citoyenne-numerique, 2017.

[DES 08] DESROSIÈRES A., *Gouverner par les nombres*, Presses de l'École des Mines, Paris, 2008.

[DES 16] DESJARDINS X., DOUAY N., "Démocratie locale et enjeux d'aménagement: la décentralisation en débat", in DESJARDINS X., GÉNEAU I. (eds), *L'aménagement du territoire*, La Documentation française, Paris, 2016.

[DEV 07] DEVISME L., DUMONT M., ROY E., "Le jeu des 'bonnes pratiques' dans les opérations urbaines, entre normes et fabrique locale", *Espaces et sociétés*, vol. 131, no. 4, pp. 15-31, 2007.

[DOL 96] DOLOWITZ D., MARSH D., "Who learns what from whom: a review of the policy transfer literature", *Political Studies*, vol. 44, no. 2, pp. 343-357, 1996.

[DOL 00] DOLOWITZ D., MARSH D., "Learning from abroad: the role of policy transfer in contemporary policy-making",

Governance, vol. 13, no. 1, pp. 5-24, 2000.

[DOU 07] DOUAY N., La planification urbaine *à* l'épreuve de la métropolisation: enjeux, acteurs et stratégies *à* Marseille et *à* Montréal, PhD thesis, Université de Montréal-Aix-Marseille, 2007.

[DOU 08] DOUAY N., "Shanghai: l'évolution des styles de la planification urbaine. L'émergence d'une 'urbanisation harmonieuse'", *Perspectives chinoises*, no. 4, pp. 16-26, 2008.

[DOU 10a] DOUAY N., "Collaborative planning and the challenge of urbanization: issues, actors and strategies in Marseilles and Montreal Metropolitan areas", *Canadian Journal of Urban Research*, vol. 19, no. 1, pp. 50-69, 2010.

[DOU 10b] DOUAY N., "La remise en cause du modèle d'urbanisme hongkongais par l'émergence d'une approche collaborative de la planification", *Perspectives chinoises*, no. 1, pp. 109-123, 2010.

[DOU 11] DOUAY N., "Urbanisme et cyber-citoyens chinois, la contestation 2.0 s'organise", *Perspectives chinoises*, no. 1, pp. 86-88, 2011.

[DOU 12a] DOUAY N., PRÉVOT M. (eds), "Activismes urbains: engagement et militantisme", *L'information géographique*, vol. 76, no. 1, available at: http://www.cairn.info/revue-l-information-geographique-2012-1.htm, 2012.

[DOU 12b] DOUAY N., SEVERO M., GIRAUD T., "La

carte du sang de l'immobilier chinois, un cas de cyber-activisme", *L'information géographique*, vol. 76, no. 1, pp. 74-88, 2012.

[DOU 13] DOUAY N., "La planification urbaine française: théories, normes juridiques et défis pour la pratique", *L'information géographique*, vol. 77, no. 3, pp. 45-70, 2013.

[DOU 14a] DOUAY N., "Les usages du numérique dans le débat public", in CARMÈS M., NOYER J. M. (eds), *Devenirs urbains*, Presses des Mines, Paris, 2014.

[DOU 14b] DOUAY N., PRÉVOT M., "Park(ing) Day: label international d'un activisme urbain édulcoré", *Environnement urbain*, vol. 8, pp. 14-33, available at: http://www.vrm.ca/EUUE/Vol8_2014/EUE8_Douay_Prevot.pdf, 2014.

[DOU 15a] DOUAY N., "Les données du web 2.0 pour observer le débat public en aménagement: l'exemple de Marseille", in MATTEI M. F., PUMAIN D. (eds), *Données urbaines* 7, Economica, Paris, 2015.

[DOU 15b] DOUAY N., PRÉVOT M., "Reconfiguration des pratiques participatives-Le cas de 'Carticipe'", in SEVERO M., ROMELE A. (eds), *Traces numériques et territoires*, Presses des Mines, Paris, 2015.

[DOU 15c] DOUAY N., REYS A., ROBIN S., "L'usage de Twitter par les maires d'Île-de-France", *NETCOM: Visualisation des réseaux, de l'information et de l'espace*, vol. 29, nos 3-4, pp.

275-296，2015.

[DOU 16a] DOUAY N.，“La numérisation des dispositifs de participation de la mairie de Paris：le cas du budget participatif et de la plateforme ‘Madame la Maire，j’ai une idée！’”，*NETCOM：Réseaux sociaux numériques et recherche*，vol. 30，nos 3-4，pp. 249-280，available at：netcom. revues. org/2542，2016.

[DOU 16b] DOUAY N.，REYS A.，“Twitter comme arène de débat public：le cas du conseil de Paris et des controverses en aménagement”，*L’information géographique*，vol. 80，no. 4，pp. 76-95，2016.

[DOU 17a] DOUAY N.，“Hong Kong，cap sur la smart city”，*Urbanisme*，no. 404，pp. 41-44，available at：www. urbanisme. fr/des-laboratoires-aux-modeles/dossier-404/FOCUS#article1210，2017.

[DOU 17b] DOUAY N.，REYS A.，“@Anne_Hidalgo，maire de Paris en 140 caractères. Twitter，communication politique et démocratie locale”，*Métropolitiques*，vol. 12，available at：http://www. metropolitiques. eu/Anne_Hidalgo-maire-de-Paris-en-140. html，June 2017.

[DUP 91] DUPUY G.，*L’urbanisme des réseaux：théories et méthodes*，Armand Colin，Paris，1991.

[DUP 92] DUPUY G.，*L’informatisation de villes*，PUF，Paris，1992.

[EIS 79] EISENSTEIN E.，*The Printing Press as an Agent of*

Change: *Communications and Cultural Transformations in Early-Modern Europe*, vols 1-2, Cambridge University Press, New York, 1979.

[ELL 54] ELLUL J., *La technique ou l'enjeu du siècle*, Paris, Armand Colin, 1954.

[EVE 97] EVENO E., *Les pouvoirs urbains face aux technologies d'information et de communication*, PUF, Paris, 1997.

[EVE 14] EVENO E., "Comment l'intelligence vint aux villes", *Urbanisme*, no. 394, pp. 26-27, 2014.

[EVE 15] EVENO E., La ville intelligente, un modèle de gestion urbaine externalisée ?, Circulation des références urbaines, LabEx DynamiTe, Paris, 2015.

[FAL 73] FALUDI A., *Planning Theory*, Pergamon Press, Oxford, 1973.

[FIS 93] FISCHER F., FORESTER J. (eds), *The Argumentative Turn in Policy Analysis and Planning*, University College of London Press, London, 1993.

[FOR 99] FORESTER J., *The Deliberative Practitioner*: *Encouraging Participatory Planning Processes*, The MIT Press, Cambridge, 1999.

[FOU 07] FOURNIAU J. M., "L'institutionnalisation du débat public", *Revue Projet*, vol. 2, no. 297, pp. 13-21, 2007.

[FRI 87] FRIEDMANN J., *Planning in the Public Domain*,

Princeton University Press, Princeton, 1987.

[GAN 05] GANDY M., "Cyborg urbanization: complexity and monstrosity in the contemporary city", *International Journal of Urban and Regional Research*, vol. 29, no. 1, pp. 26-49, 2005.

[GAU 07] GAUCHET M., *L'Avènement de la démocratie: la révolution moderne*, vol. 1, Gallimard, Paris, 2007.

[GEN 98] GENRO T., SOUZA U., *Quand les habitants gèrent vraiment leur ville. Le budget participatif: l'expérience de Porto Alegre au Brésil*, CLM/Librairie, Paris, 1998.

[GIF 07] GIFFINGER R., FERTNER C., KRAMAR H. *et al.*, Smart cities: ranking of European medium-sized cities, Report, available at: smart-cities. eu, 2007.

[GIL 78] GILLE B. (ed.), *Histoire des techniques: Technique et civilisations, technique et sciences*, Gallimard, Paris, 1978.

[GOË 14] GOËTA S., MABI C., "L'open data peut-il (encore) servir les citoyens ?", *Mouvements*, vol. 2014/3, no. 79, pp. 81-91, available at: http://www. cairn. info/ revue-mouvements-2014-3-page-81. htm, 2014.

[GOO 07] GOODCHILD M., "Citizens as sensors: Web 2. 0 and the volunteering of geographic informations", *GeoFocus*, vol. 7, pp. 1-10, 2007.

[GRA 99] GRAHAM S., MARVIN S., "Planning cybercities: integrating telecommunications into urban planning", *Town Plan-*

ning Review, vol. 70, no. 1, pp. 89-114, 1999.

[GRA 08] GRAM-HANSSEN K., "Consuming technologies - Developing routines", *Journal of Cleaner Production*, vol. 16, pp. 1181-1189, 2008.

[GRE 06] GREENFIELD A., *Everyware: the Dawning Age of Ubiquitous Computing*, New Riders, Boston, 2006.

[GRE 13] GREENFIELD A., *Against the Smart City*, Kindle edition, 2013.

[HAB 84] HABERMAS J., *The Theory of Communicative Action, Reason and the Rationalization of Society*, Beacon Press, Boston, 1984.

[HAB 87] HABERMAS J., *The Theory of Communicative Action, Lifeworld and System: a Critique of Functionalist Reason*, Beacon Press, Boston, 1987.

[HAL 98] HALL T., HUBBARD P. P. (eds), *The Entrepreneurial City: Geographies of Politics, Regime, and Representation*, John Wiley & Sons, 1998.

[HAM 96] HAMEL P., "Crise de la rationalité: le modèle de la planification rationnelle et les rapports entre connaissance et action", in TESSIER R. *et al.* (eds), *La recherche sociale en environnement: nouveaux paradigmes*, Presses de l'Université de Montréal, Montreal, 1996.

[HAM 97] HAMEL P., "La critique post-moderne et le courant communicationnel au sein des théories de la planification: une rencontre difficile", *Les cahiers de géographie du Québec*, vol. 41, no. 114, pp. 311-322, 1997.

[HAR 89] HARVEY D., "From managerialism to entrepreneurialism: the transformation in urban governance in late capitalism", *Geografiska Annaler B*, vol. 71, no. 1, pp. 3-17, 1989.

[HAR 06] HARVEY D., "Neo-liberalism as creative destruction", *Geografiska Annaler B*, vol. 88, no. 2, pp. 145-158, 2006.

[HAR 14] HARVEY D., "Vers la ville entrepreneuriale. Mutation du capitalisme et transformations de la gouvernance urbaine", in GINTRAC C., GIROUD M. (eds), *Villes contestées. Pour une géographie critique de l'urbain*, Les Prairies Ordinaires, Paris, 2014.

[HAS 08] HASKI P., *Internet et la Chine*, Le Seuil, Paris, 2008.

[HEA 93] HEALEY P., "The communicative work of development plans", *Environment and Planning B: Planning and Design*, vol. 20, no. 1, pp. 83-104, 1993.

[HEA 97] HEALEY P., *Collaborative Planning: Shaping Places in Fragmented Societies*, UBC Press, Vancouver, 1997.

[HEA 07] HEALEY P., *Urban Complexity and Spatial Strategies: a Relational Planning for Our Times*, Routledge, London, 2007.

[HÉR 14] HÉRAN F., *Le retour de la bicyclette*, La Découverte, Paris, 2014.

[HUM 10] HUMAIN-LAMOURE A. L., *Faire une démocratie de quartier ?*, Le Bord de l'Eau, Paris, 2010.

[HUR 12] HURÉ M., "De Vélib' *à* Autolib'. Les grands groupes privés, nouveaux acteurs des politiques de mobilité urbaine", *Métropolitiques*, available at: http:// www. metropolitiques. eu/De-Velib-a-Autolib-Les-grands. html, January 2012.

[IAU 13] IAU îdF, Cartes, plans, 3D: représenter, imaginer la métropole, no. 166, 2013.

[ING 01] INGALLINA P., *Le projet urbain*, PUF, Paris, 2001.

[INN 92] INNES J., "Group process and the social construction of growth management", *Journal of the American Planning Association*, vol. 58, no. 4, pp. 430-453, 1992.

[INN 95] INNES J., " Planning theory's emerging paradigm: communicative action and interactive practice", *Journal of Planning Education and Research*, vol. 14, no. 3, pp. 183-190, 1995.

[INN 98] INNES J., "Information in communicative planning", *Journal of the American Planning Association*, vol. 64, no. 1, pp. 52-63, 1998.

[INN 05] INNES J., GRUBER J., "Planning styles in conflict, the metropolitan transportation commission", *Journal of the*

American Planning Association, vol. 71, no. 2, pp. 177-188, 2005.

[JOB 94] JOBERT B. (ed.), *Le tournant néo-liberal en Europe : idées et recettes dans les pratiques gouvernementales*, L'Harmattan, Paris, 1994.

[JOL 10] JOLIVEAU T., "La géographie et la géomatique au crible de la néogéographie", *Tracés. Revue de Sciences Humaines*, no. 10, available at: http://traces.revues.org/4847, 2010.

[JOL 13] JOLIVEAU T., NOUCHER M., ROCHE S., "La cartographie 2.0, vers une approche critique d'un nouveau régime cartographique", *L'information géographique*, no. 4, pp. 29-46, 2013.

[JON 15] JONCHÈRE L., Les origines du budget participatif de Paris. Analyse du dispositif participatif sous l'angle d'un processus d'instrumentation, Master's thesis, Paris-Diderot University, 2015.

[KAT 07] KATOSHEVSKI-CAVARI R., A multi-agent planning support system for assessing externalities of urban form scenarios; development and application in an Israeli case study, PhD thesis, Eindhoven University Press, 2007.

[KAT 09] KATOSHEVSKI-CAVARI R., ARENTZE T. A., TIMMERMANS H. J. P., "A computerized tailor made plan - can that be a tool for achieving public interest in planning", *Geographical Research Forum*, vol. 29, pp. 26-47, 2009.

[KHA 13] KHANSARI M., MOSTASHARI A., MANSOURI M., "Impacting sustainable behaviour and planning 'in Smart City'", *International Journal of Sustainable Land Use and Urban Planning*, vol. 1, no. 2, pp. 46-61, 2013.

[KIT 14] KITCHIN R., "Big Data, new epistemologies and paradigm shifts", *Big Data & Society*, vol. 1, no. 1, pp. 1-12, 2014.

[KLO 12] KLOECKL K., SENN O., RATTI C., "Enabling the real-time city: LIVE Singapore!", *Journal of Urban Technology*, vol. 19, no. 2, pp. 89-112, 2012.

[LAC 12] LACAZE J. P., *Les méthodes de l'urbanisme*, 6th ed., PUF, Paris, 2012.

[LAM 12] LAMBERT N., ZANIN C., "OpenStreetMap: collaborer pour faire des cartes", *Mappemonde*, no. 107, available at: http://mappemonde.mgm.fr/num35/internet/int12301.html, 2012.

[LAN 12] LANEY D., *3D Data Management: Controlling Data Volume, Velocity and Variety*, Meta Group, available at: http://blogs.gartner.com/doug-laney/files/2012/01/ad949-3D-Data-Management-Controlling-Data-Volume-Velocity-and-Variety.pdf, 2012.

[LAS 05] LASCOUMES P. P., LE GALÈS P., *Gouverner par les instruments*, Presses de Sciences Po, Paris, 2005.

[LAS 15] LASNE L., *Uber: la prédation en bande organisée*, Le Tiers Livre, Paris, 2015.

[LAU 14] LAUGÉE F., "Solutionisme", *La revue européenne des médias et du numérique*, no. 33, available at: http://la-rem.eu/2015/04/15/solutionnisme/, 2014.

[LEF 68] LEFEBVRE H., *Le droit à la ville*, Anthropos, Paris, 1968.

[LEF 12] LEFEBVRE R., "La démocratie participative absorbée par le système politique local", *Métropolitiques*, available at: http://www.metropolitiques.eu/La-democratie-participative.html, October 2012.

[LES 99] LESSIG L., *Code and Other Laws of Cyberspace*, Basic Books, New York, 1999.

[LÉV 97] LÉVY P., *L'intelligence collective. Pour une anthropologie du cyberespace*, La Découverte, Paris, 1997.

[LÉV 02] LÉVY P., *Cyberdémocratie*, Odile Jacob, Paris, 2002.

[LÉV 03] LÉVY J., LUSSAULT M., *Dictionnaire de la géographie et de l'espace des sociétés*, Éditions Belin, Paris, 2003.

[LEW 16] LEWIS E., SLITINE R., *Le coup d'État citoyen. Ces initiatives qui réinventent la démocratie*, La Découverte, Paris, 2016.

[LI 11] LI J., WANG Y., La cyber-mobilisation face au développement immobilier chinois: le cas de la carte du sang, Master's thesis, Paris-Diderot University, 2011.

[LID 01] LIDJI S., *Paris-Gouvernance: ou les malices des pol-*

itiques urbaines (*J. Chirac*, *J. Tibéri*), L' Harmattan, Paris, 2001.

[LIN 90] LINDBLOM C., *Inquiry and Change: the Troubled Attempt to Understand and Shape Society*, Yale University Press, New Haven, 1990.

[LOR 02a] LORRAIN D., "Capitalismes urbains: la montée des firmes d'infrastructures", *Entreprises et histoire*, vol. 3, no. 30, pp. 7-31, 2002.

[LOR 02b] LORRAIN D., "Les entreprises et la production urbaine", *Entreprises et histoire*, vol. 3, no. 30, pp. 5-6, 2002.

[LOV 15] LOVELUCK B., *Réseaux, libertés et contrôle. Une généalogie politique d'internet*, Armand Colin, Paris, 2015.

[MA 04] MA J., *China's Water Crisis*, Eastbridge, Norwalk, 2004.

[MAB 16] MABI C., "Démocratie: mise *à* jour", *Renaissance numérique*, available at: www. renaissancenumérique. org, 2016.

[MAN 11] MANOVITCH L., Trending: the promises and the challenges of big social data, available at: http://manovich. net/content/04-projects/067-trending-thepromises- and-the-challenges-of-big-social-data/64-article-2011. pdf, 2011.

[MAR 00] MARGOLIS M., RESNICK D., *Politics as Usual: the Cyberspace*, "*Revolution*", Sage, Thousand Oaks, 2000.

[MAR 08] MARX K., *Le Capital*, Folio, Paris, 2008.

[MAR 11] MARWICK A., BOYD D., "To see and be seen: celebrity practice on Twitter", *Convergence: The International Journal of Research into New Media Technologies*, vol. 17, no. 2, pp. 139-158, 2011.

[MAR 12] MARZ N., WARREN J., *Big Data: Principles and Best Practices of Scalable Realtime Data Systems*, Manning Publications, Greenwich, 2012.

[MAR 14a] MARTEL F., *Smart. Enquête sur les internets*, Stock, Paris, 2014.

[MAR 14b] MARTINS J. F., Budget Participatif: une innovation démocratique majeure d'envergure mondiale, Report, 2014.

[MAY 13] MAYER-SCHONBERGER V., CUKIER K., *Big Data: a Revolution That Will Transform How We Live, Work and Think*, John Murray Publisher, London, 2013.

[MCC 11a] MCCANN E., "Urban policy mobilities and global circuits of knowledge. Towards a research agenda", *Annals of the Association of American Geographers*, vol. 101, no. 1, pp. 107-130, 2011.

[MCC 11b] MCCANN E., WARD K., *Mobile Urbanism: City Policymaking in the Global Age*, University of Minnesota Press, Minneapolis, 2011.

[MCC 12] MCCANN E., WARD K., "Assembling urbanism: following policies and 'studying through' the sites and situations of policy making", *Environment and Planning A*, vol. 44, pp. 42-51, 2012.

[MCN 16] MCNEIL D., "Governing a city of unicorns: technology capital and the urban politics of San Francisco", *Urban Geography*, vol. 37, no. 4, pp. 494-513, 2016.

[MER 00] MERLIN P. P., CHOAY F., *Dictionnaire de l'urbanisme et de l'aménagement*, PUF, Paris, 2000.

[MEY 55] MEYERSON M., BANFIELD E. C., *Politics, Planning and the Public Interest: the Case of Public Housing in Chicago*, Free Press, New York, 1955.

[MIL 10] MILLER H. J., "The data avalanche is here. Shouldn't we be digging?", *Journal of Regional Science*, vol. 50, no. 1, pp. 181-201, 2010.

[MIN 94] MINTZBERG H., *The Rise and Fall of Strategic Planning*, Free Press, New York, 1994.

[MOL 76] MOLOTCH H., "The city as a Growth Machine: toward a political economy of place", *American Journal of Sociology*, vol. 82, no. 2, pp. 309-332, 1976.

[MON 11] MONNOYER-SMITH L., "La participation en ligne, révélateur d'une évolution des pratiques politiques ?", *Participations*, no. 1, pp. 156-185, 2011.

[MOR 14a] MORANGE M., FOL S., "City, neoliberalisation and justice", *Spatial Justice*, no. 6, available at: https://www.

jssj. org/article/neoliberalisationville- et-justice-spatiale/, 2014.

[MOR 14b] MOROZOV E., *Pour tout résoudre cliquez ici*, FYP, Limoges, 2014.

[MOT 06] MOTTE A., *La notion de planification stratégique spatialisée en Europe* (1995-2005) (*Strategic Spatial Planning*), PUCA, Paris, 2006.

[MOU 05] MOULAERT F., RODRIGUEZ A., SWYNGEDOUW E. (eds), *The Globalized City: Economic Restructuring and Social Polarization in European Cities*, Oxford University Press, Oxford, 2005.

[MUC 96] MUCCHIELLI A., *Dictionnaire des méthodes qualitatives en sciences humaines et sociales*, Armand Colin, Paris, 1996.

[MUL 10] MULLER P., "Référentiel", *Dictionnaire des politiques publiques*, pp. 55-562, Presses de Sciences Po, Paris, 2010.

[MUL 11] MULLER P., *Les politiques publiques*, 9th ed., PUF, Paris, 2011.

[MUM 50] MUMFORD L., *Technique et civilisation*, Le Seuil, Paris, 1950.

[MUM 70] MUMFORD L., *Le mythe de la machine*, Fayard, Paris, 1970.

[NAV 07] NAVEZ-BOUCHANINE F., VALLADARES L. (eds), "Villes et 'best practices'", *Espaces et sociétés*, vol. 131, no.

4, 2007.

[NET 76] NETTING R. M. , "What alpine peasants have in common, observations on communal tenure in a Swiss village", *Human Ecology*, no. 4, pp. 135-146, 1976.

[NOV 03] NOVARINA G. , *Plan et projet. L'urbanisme en France et en Italie*, Anthropos-Economica, Paris, 2003.

[OCD 15] OCDE, Perspectives de l'économie numérique, Paris, 2015.

[OEC 15] OECD, Digital Economy Outlook, Paris, 2015.

[OFF 96] OFFERLE M. , *Sociologie des groupes d'intérêt*, Montchrestien, Paris, 1996.

[OFF 08] OFFERLE M. , "Retour critique sur les répertoires de l'action collective. XVIIIe-XXIe siècles", *Politix*, no. 81, pp. 181-202, 2008.

[OFF 14] OFFENHUBER D. , RATTI C. , *Decoding the City: Urbanism in the Age of Big Data*, Birkhäuser, Bâle, 2014.

[OPI 15] OPILLARD F. , "Resisting the politics of displacement in the San Francisco Bay Area: anti-gentrification activism in the Tech Boom 2.0", *European Journal of American Studies*, vol. 10, no. 3, available at: http://ejas.revues.org/11322, 2015.

[ORE 11] O'Reilly T. , "Government as a platform", *Innovations*, vol. 6, no. 1, pp. 13-40, 2011.

[OST 90] OSTROM E. , *Governing the Commons: the Evolu-

tion of Institutions for Collective Action, Cambridge University Press, Cambridge, 1990.

[OST 07] OSTROM E., HESS C., *Understanding Knowledge as a Commons: From Theory to Practice*, The MIT Press, Cambridge, 2007.

[PAD 89] PADIOLEAU J.-G., DEMEESTERE R., "Les démarches stratégiques de planification des villes", *Annales de la recherche urbaine*, vol. 51, pp. 28-39, 1989.

[PAL 13] PALSKY G., "Cartographie participative, cartographie indisciplinée", *L'information géographique*, vol. 4, pp. 10-25, 2013.

[PAS 04] PASTEUR J., "La faille et l'exploit: l'activisme informatique", *Cités*, no. 17, pp. 55-72, 2004.

[PEC 10] PECK J., THEODORE N., "Mobilizing policy: models, methods, and mutations", *Geoforum*, no. 41, pp. 169-174, 2010.

[PEU 13] PEUGEOT V., "Les Communs, une brèche politique *à* l'heure du numérique", in NOYER J. M. (ed.), *Les débats du numérique*, Presses des Mines, Paris, 2013.

[PEU 14] PEUGEOT V., "Collaborative ou intelligente? La ville entre deux imaginaires", in CARMÈS M., NOYER J. M. (eds), *Devenirs urbains*, Presses des Mines, Paris, 2014.

[PEY 14] PEYROUX E., Circulation des modèles urbains,

développement économique et géopolitique: la stratégie des relations internationales de Johannesburg, Circulation des modèles urbains, LabEx DynamiTe, UMR PRODIG, Paris, February 2014.

[PIC 98] PICON A., *La ville territoire des cyborgs*, Les éditions de l'imprimeur, Besançon, 1998.

[PIC 09] PICON A., "Ville numérique, ville événement", *Flux*, vol. 78, no. 4, pp. 17-23, 2009.

[PIC 13] PICON A., *Smart cities: théorie et critique d'un idéal auto-réalisateur*, Éditions B2, Paris, 2013.

[PIC 15] PICON A., *Smart Cities: a Spatialised Intelligence*, John Wiley & Sons, Chichester, 2015.

[PIE 00] PIERSON P., "Increasing returns, path dependency, and the study of politics", *American Political Science Review*, vol. 92, no. 4, pp. 251-267, 2000.

[PIN 05] PINSON G., "Le projet urbain comme instrument d'action publique", in LASCOUMES P. P., LE GALES P. P. (eds), *Gouverner par les instruments*, Presses de Sciences Po, Paris, 2005.

[PIN 09] PINSON G., *Gouverner la ville par projet. Urbanisme et gouvernance des villes européennes*, Presses de Sciences Po, Paris, 2009.

[PLA 14] PLANTIN J. C., MONNOYER-SMITH L., "Ouvrir la boîte *à* outils de la recherche numérique, trois cas de redistribution de méthodes", *TIC et Société*, vol. 7, no. 2, available at: http://ticetsociete. revues. org/1527, 2014.

[POL 16] POLLIO A., "Technologies of austerity urbanism: the "smart city" agenda in Italy (2011-2013)", *Urban Geography*, vol. 37, no. 4, pp. 514-534, 2016.

[POP 14] POPELIN A., "Digital serious game for urban planning: 'B3-design your marketplace!'", *Environment and Planning B: Planning and Design*, vol. 41, no. 3, pp. 493-511, 2014.

[PRO 08] PROULX M. U., "40 ans de planification territoriale au Québec", in GAUTHIER M., GARIEPY M., TREPANIER M. O. (eds), *Renouveler l'aménagement et l'urbanisme. Planification territoriale, débat public et développement durable*, Les Presses de l'Université de Montréal, Montreal, 2008.

[PRO 13] PROULX S., "La puissance d'agir des citoyens *à* l'ère numérique", in NAJAR S. (ed.), *Le Cyberactivisme au Maghreb et dans le monde arabe*, IRMCKarthala, 2013.

[PRZ 99] PRZEWORSKI A., STOKES S., MANIN B., *Democracy, Accountability and Representation*, Cambridge University Press, Cambridge, 1999.

[PUR 09] PURCELL M., "Resisting neoliberalization: communicative planning or counter-hegemonic movements?", *Planning Theory*, vol. 8, no. 2, pp. 140-165, 2009.

[RAB 15] RABARI C., The digital skin of cities: urban theory and research in the age of the sensored and metered city, ubiquitous computing, and Big Data, Master's thesis, UCLA, 2015.

[RAN 13] RANCOEUR P., Urbanisme et jeux vidéo: analyse et déconstruction des city builders, Master's thesis, University of Paris-Est, 2013.

[RAT 16] RATTI C., CLAUDEL M., *The City of Tomorrow: Sensors, Networks, Hackers, and the Future of Urban Life*, Yale University Press, New Haven, 2016.

[RIF 12] RIFKIN J., *La troisième révolution industrielle. Comment le pouvoir latéral va transformer l'énergie, l'économie et le monde*, Les Liens qui Libèrent, Paris, 2012.

[ROG 13] ROGERS R., *Digital Methods*, MIT Press, Cambridge, 2013.

[ROS 06] ROSANVALLON P., *La contre-démocratie, la politique à l'âge de la défiance*, Le Seuil, Paris, 2006.

[ROU 11] ROUVROY A., "Technology, virtuality and utopia. Governmentality in an age of autonomic computing", in HILDEBRANDT M., ROUVROY A. (eds), *Law, Human Agency and Autonomic Computing. Philosophers of Law Meet Philosophers of Technology*, Routledge, London, 2011.

[ROU 13] ROUVROY A., BERNS T., "Gouvernementalité algorithmique et perspectives d'émancipation. Le disparate comme condition d'individuation par la relation ?", *Réseaux*, vol. 1, no. 177, pp. 163-196, 2013.

[SAD 15] SADIN E., *La vie algorithmique. Critique de la raison numérique*, L'échappée, Paris, 2015.

[SAD 16] SADIN E., *La siliconisation du monde. L'irrésistible expansion du libéralisme numérique*, L'échappée, Paris, 2016.

[SAL 00] SALET W., FALUDI A. (eds), *The Revival of Strategic Spatial Planning*, Royal Netherlands Academy of Arts and Science, Amsterdam, 2000.

[SAL 07] SALMON C., *Storytelling. La machine à fabriquer les images et à formater les esprits*, La Découverte, Paris, 2007.

[SAS 11] SASSEN S., "Open source urbanism", *The New City Reader: A Newspaper of Public Space*, no. 14, 2011.

[SCH 83] SCHÖN D., *The Reflective Practitioner. How Professionals Think in Action*, Basic Books, New York, 1983.

[SCH 14] SCHOLL H. J., SCHOLL M. C., "Smart governance: a roadmap for research and practice", *iConference* 2014 *Proceedings*, pp. 163-176, 2014.

[SEV 12] SEVERO M., GIRAUD T., DOUAY N., "The Wukan's protests: just-in-time identification media events", *Just-In-Time Sociology*, available at: http://jitsociology. wordpress. com/2012/12/02/the-wukans-protests-just-in-timeidentification- of-international-media-events-revised/, 2012.

[SEV 15] SEVERO M., ROMELE A. (eds), *Traces*

numériques et territoires, Presses des Mines, Paris, 2015.

[SHO 10] SHOVE E., "Beyond the ABC: climate change policy and theories of social change", *Environment and Planning A*, vol. 42, no. 6, pp. 1273-1285, 2010.

[SIN 08] SINTOMER Y., HERZBERG C., ROCKE A., *Les budgets participatifs en Europe, des services publics au service du public*, La Découverte, Paris, 2008.

[SIN 14] SINTOMER Y., HERZBERG C., ALLEGRETTI G., *Les budgets participatifs dans le monde : une étude transnationale*, Dialog Global, Bonn, 2014.

[STI 12] STIEGLER B., *Réseaux sociaux : culture politique et ingénierie des réseaux sociaux*, FYP, Limoges, 2012.

[STI 16] STIEGLER B., *Dans la disruption : comment ne pas devenir fou*, Les Liens qui Libèrent, Paris, 2016.

[STO 89] STONE C., *Regime Politics: Governing Atlanta* (1946-1988), Kansas University Press, Lawrence, 1989.

[STO 04a] STOCK M., "L'habiter comme pratique des lieux géographiques", *EspacesTemps.net*, available at: http://www.espacestemps.net/articles/habitercomme- pratique-des-lieux-geographiques/, 2004.

[STO 04b] STONE D., "Transfer agents and global networks in the 'transnationalization' of policy", *Journal of European Public Policy*, vol. 11, no. 3, pp. 545-566, 2004.

[STR 13] STRENGERS Y., *Smart Energy Technologies in Everyday Life. Smart Utopia?*, Palgrave Macmillan, London, 2013.

[SUB 07] SUBRA P., *Géopolitique de l'aménagement du territoire*, Armand Collin, Paris, 2007.

[SUN 01] SUNSTEIN C., *Democracy and the Internet*, Princeton University Press, Princeton, 2001.

[TAI 06] TAI Z., *The Internet in China: Cyberspace and Civil Society*, Routledge, New York, 2006.

[TAN 16] TANG W. S., "Smart city? Civic engagement?", *Big Data and Civic Engagement*, HKBU-CEFC, Hong Kong, 2016.

[TEB 15] TEBOUL B., PICARD T., *Uberisation = Économie déchirée?*, Kawa, Paris, 2015.

[TIE 56] TIEBOUT C., "A pure theory of local expenditures", *Journal of Political Economy*, vol. 64, no. 5, pp. 416-424, 1956.

[TOU 78] TOURAINE A., *La Voix et le regard*, Le Seuil, Paris, 1978.

[TOW 14] TOWNSEND A., *Smart Cities: Big Data, Civic Hackers and the Quest for a New Utopia*, W. W. Norton & Company, New York, 2014.

[TUR 06] TURNER F., *From Counterculture to Cybercul-*

ture. Steward Brand, the Whole Earth Network, and the Rise of Digital Utopianism, University of Chicago Press, Chicago, 2006.

[VED 94] VEDEL T., "Sociologie des innovations technologiques et usagers: introduction *à* une socio-politique des usages", in VITALIS A. (ed.), *Médias et nouvelles technologies: Pour une socio-politique des usages*, Apogée, Rennes, 1994.

[VIE 12] VIENNE F., Les territorialités du numérique: mobilité et territoires en réseaux dans la métropole parisienne, Master's thesis, University of Paris 1, 2012.

[VIE 13] VIENNE F., Territoires de densités intermédiaires et réseaux sociaux numériques, Master's thesis, University of Paris 1, 2013.

[VIE 14] VIENNE F., DOUAY N., LE GOIX R. *et al.*, "Lieux et hauts lieux des densités intermédiaires: une analyse par les réseaux sociaux numériques", 51*e colloque* 2014 *de l'ASRDLF*, Marne-la-Vallée, France, 2014.

[VIE 17] VIENNE F., DOUAY N., LE GOIX R. *et al.*, "Les territoires du réseau social facebook: le cas des pratiques de géoréférencements", *Territoire en mouvement, Revue de géographie et aménagement*, no. 34, 2017.

[WAC 11] WACHTER S., "La ville numérique: quels enjeux pour demain ?", *Métropolitiques*, available at: http://www.metropolitiques.eu/La-ville-numeriquequels- enjeux. html, 28 November 2011.

[WAI 11] WAINTROP F., "Écouter les usagers: de la simplification à l'innovation", *Revue française d'administration publique*, vol. 1, nos 137-138, pp. 209-215, 2011.

[WEB 65] WEBER M., *Essai sur la théorie de la science*, Plon, Paris, 1965.

[WIE 52] WIENER N., *Cybernétique et société*, Éditions des Deux-rives, Paris, 1952.

[WRI 10] WRIGHT S., "The internet and the democratic citizenship", *Journal of the American Society for Information Science and Technology*, vol. 61, no. 11, pp. 2374-2375, 2010.

[YAN 09] YANG G., *The Power of the Internet in China: Citizen Activism Online*, Columbia University Press, New York, 2009.

[ZAZ 16] ZAZA O., "L'e-gouvernance pour la participation citoyenne: imaginaires du futur, nouvelles compétences et impacts territoriaux", *Pyramides*, nos 26-27, 2016.

[ZIK 12] ZIKOPOULOS P. C., EATON C., DEROOS D. *et al.*, *Understanding Big Data*, McGraw Hill, New York, 2012.

[ZIT 06] ZITTRAIN J., "The generative internet", *Harvard Law Review*, vol. 119, pp. 1974-2040, 2006.

致　谢

本书的创作基于一篇题为《数字时代的城市规划》(Planifier à l'heure du numérique)的指导研究性专业论文，该论文于 2016 年 11 月 22 日在巴黎索邦大学进行答辩。作者非常感谢其推荐人格扎维埃·德雅尔丹(Xavier Desjardins)的鼓励和支持，同时感谢专家组成员的评论和建议：蒂埃里·若利沃(Thierry Joliveau)、雷诺·勒古瓦(Renaud Le Goix)、迪迪埃·帕里斯(Didier Paris)、埃莱娜·雷涅(Helene Reigner)和 安托万·皮康(Antoine Picon)。此外，该小组成员还起草了前言。

作者向所有帮助他扩展知识领域，提供不同发展项目，以充实本书内容的各位同仁表示感谢。并再次特别向与他一起研究脸书(Facebook)的弗朗索·瓦维耶纳(Francois Vienne)、雷诺·勒古瓦(Renaud Le Goix)和玛尔塔·塞韦罗(Marta Severo)，以及与他一起研究推特(Twitter)的奥雷利安·雷斯(Aurelien Reys)致谢。此外，他还非常感谢对亚洲智能技术感兴趣的非正式小组成员，其中包括伯努瓦·格拉涅尔(Benoit Granier)、卡里纳·昂里奥(Carine Henriot)、拉斐尔·朗格利耶·奥赛尔(Raphael Languillon-Aussel)和尼古拉·勒普雷特(Nicolas Lepretre)。最后特别感谢玛丽冯娜·普雷沃(Maryvonne Prevot)在公众参与方面提供的众多项目。